AF326065

LECTURES

SUR LE

GAZONNEMENT ET LE BOISEMENT

DES MONTAGNES.

LECTURES

SUR LE

GAZONNEMENT ET LE BOISEMENT

DES MONTAGNES

PAR

AUGUSTIN VIAL

Bachelier ès-sciences, Agriculteur.

LIMOGES	PARIS
F. F. ARDANT FRÈRES,	F. F. ARDANT FRÈRES,
rue des Taules.	quai des Augustins, 25

1865

AVANT-PROPOS.

Les montagnes occupent une assez large place sur la surface du globe ; en France seulement on compte une superficie d'environ dix millions d'hectares. Pour n'avoir cessé d'attirer l'attention sur leur situation économique, le gouvernement, dans sa sollicitude, vient d'éditer des lois nouvelles : des fonds considérables ont été alloués pour le gazonnement et le reboisement.

Nous exposons un système de culture très simple, que nous croyons conforme au progrès de l'art agricultural et tel que le cultivateur trouve son intérêt à en faire l'application.

La justification est donnnée par les auteurs qui ont écrit sur la matière. Nous citerons leurs opinions et leurs ouvrages.

LECTURES

SUR LE

GAZONNEMENT ET LE BOISEMENT

DES MONTAGNES.

CHAPITRE PREMIER.

CAUSES DE LA DÉGRADATION DES MONTAGNES.

Les Montagnes. — On a parlé de la passion de la mer. La nostalgie atteint le marin réduit à séjourner à terre. Il lui faut la vue des flots, l'agitation des vagues, l'immensité de la mer ; la vie de bord est devenue pour lui une seconde nature. Les montagnes ont aussi leur grandeur, et leur séjour peut aussi être l'objet d'une passion.

Parcourez les montagnes ? de quelles variétés de vues n'êtes-vous pas frappés ? A chaque instant les sites changent. Si sur un point votre aspect n'a en vue que des scènes de désolation et de ruines, si vous n'avez devant vous que des flancs escarpés entièrement nus ou couverts d'arbustes rares et chétifs, en vous tournant vous avez les points de vue les plus gracieux : des eaux limpides qui entretiennent la fraîcheur, ou de vertes prairies qui tapissent les vallons, bordent les lacs. La beauté de la verdure, le parfum des fleurs vous font éprouver les sensations les plus délicieuses. Si vous vous élevez sur les sommités, votre idée grandit ; vous avez sous vos pieds toutes les cimes qui vous apparaissent comme les vagues d'une immense mer tourmentée par la tempête, qu'une congélation subite aurait saisi tout-à-coup et rendu immobile.

Si la mer a ses produits, les montagnes ont aussi les leurs, des plus variés, et dignes d'attirer notre attention. Elles nourrissent un nombreux bétail, produisent le bois nécessaire au chauffage, aux constructions, donnent naissance aux sources, aux rivières, aux fleuves qui servent à l'irrigation et au transport.

Etat primitif. — Nous n'entrerons pas dans des détails géologiques sur la formation des montagnes, nous nous bornerons à faire connaître leur situation quand les premiers habitants sont venus peupler le pays. Dès les premiers temps nous trouvons des montagnes couvertes de forêts. Les peuples primitifs de l'Europe vivaient dans les bois tout comme vivent encore aujourd'hui les peuplades de l'Amérique. Ils trouvaient dans les forêts ce qui était nécessaire à leur existence : ils avaient la chair des animaux tués à la chasse, ils se contentaient au besoin de glands et même de racines.

Le contact des peuples plus anciennement civilisés, vint donner de nouvelles idées et de nouveaux besoins. On se livra à l'agriculture, et les cités furent fondées.

Exploitation. — Par suite de nouveaux besoins amenés par la civilisation, les montagnes furent exploitées sur une vaste échelle. Des défrichements eurent lieu pour la culture des céréales. Il fallut du bois pour les constructions de toute espèce. A mesure que la population augmentait, les besoins augmentaient en proportion, les défrichements s'étendirent ; il fallut une nourriture plus abondante par suite des troupeaux plus nombreux. On demanda sans cesse à la montagne ses dépouilles pour enrichir la plaine plus facile à travailler.

Dégradation successive. — La dénudation des montagnes n'a eu lieu que par la suite des temps. Nos contrées d'Europe étaient couvertes de forêts vierges comme elles existent en Amérique. Comment s'imaginer que cette richesse prendrait fin. On s'est imaginé, on s'est familiarisé avec l'idée que leur production était inépuisable. Dès lors on a songé à détruire, jamais à réédifier. Le soin de la reconstitution des montagnes a été laissé à la Providence, à tel point qu'aujourd'hui même, l'idée que les montagnes, comme toute autre propriété, doivent être et seront par la force des choses, soumises à la culture, paraît extraordinaire et excentrique. Salomon faisait couper les cèdres du Liban pour la construction de son magnifique temple ; mais l'Ecriture ne nous dit pas qu'il s'occupait au semis des cèdres. Aussi les montagnes de la Judée sont-elles complètement dénudées, livrées à la désolation, et les montagnes de l'Europe ne sont pas dans une situation différente.

Etat actuel. — Tout a été dit sur l'état actuel des montagnes. Les économistes les plus distingués en ont peint à grands traits la dénudation. Ils nous ont présenté le travail de destruction qui s'opère sous nos yeux par l'enlèvement de tout le détritus. L'introduction d'un nombre exagéré de bêtes à laine qui dévastent les bois, dévorent l'herbe jusqu'à la racine, laissent le sol soulevé par leur piétinement, exposé à l'effet du dégel, en sorte que les orages, de fortes pluies survenant, toute la terre végétale est entraînée. De là les inondations qui portent au loin leurs ravages. Encore quelques années, et il ne resterait plus que le désert dans toute sa nudité si on n'y porte pas remède.

CHAPITRE II.

MOYENS DE RECONSTITUTION DES MONTAGNES.

Enlèvement de l'humus. — Quand on parcourt les montagnes, on rencontre encore des parties boisées, les feuilles des arbres ont jonché le sol, les racines ont retenu la terre végétale. Mais ainsi qu'il a été dit presque partout, les causes de destruction ont prévalu, les pluies et les orages ont raviné le sol, entraîné la terre végétale. Il faut le reconnaître avec douleur, l'humus, le terreau a été enlevé, la matière organique a disparu, il ne reste que la matière inorganique, la terre improductive.

Nécessité de recréer l'humus. —
Sans terreau, sans humus, sans matières
organiques, la terre reste infertile. Il en est
de même partout dans les montagnes comme
dans les plaines. Pour ramener la fertilité,
il est de toute nécessité d'y recréer l'humus
qui a été enlevé. C'est une condition expres-
se qui ne saurait être révoquée en doute.

**Les montagnes soumises à la cul-
ture comme les plaines. —** Le gazonnement et boisement des montagnes est une
opération qui ne saurait être distraite du
domaine de l'agriculture ; elle en fait essen-
tiellement partie. Toutes nos richesses agricoles sont le fruit du travail, et nous mour-
rions de faim si nous ne savions proportionner les produits de notre sol aux besoins de
la population. Si la substitution du blé, des
prairies artificielles, des vignes aux plantes
sauvages, a décuplé le produit du sol jadis
inculte, est-il défendu d'espérer que l'amélioration du sol des montagnes, aujourd'hui
dénudées, n'arrive à produire les essences
les plus précieuses. Il est des montagnes
comme des plaines, les cultiver c'est décupler leur production et augmenter les richesses.

1..

Différence de la culture des montagnes. — Qu'il existe une différence de culture entre les montagnes et les plaines en raison du climat et de la déclivité du sol, cela se comprend. Que les parties abruptes à pente rapide soient entretenues en nature de bois, que les plateaux soient gazonnés, cela a sa raison d'être. Qu'il soit admis que sur des pentes de quarante à cinquante pour cent, les bois seuls peuvent garantir le sol; il n'en est pas moins vrai que ces terrains seront cultivés par des assolements qui, quoique très longs, n'en font pas moins partie de l'agriculture.

Nécessité des engrais. — Le gazonnement et le boisement des montagnes étant reconnus une opération agricole, il faut des engrais. Les engrais sont d'une nécessité absolue en agriculture. Il ne suffit pas que la terre soit bien travaillée, bien préparée avec la pioche ou la charrue, il faut de plus du fumier, et la réussite en est d'autant plus certaine qu'on en met en plus grande quantité.

L'air, a bien dit M. Malagutti, peut être considéré comme une source d'engrais comparable au fumier et aux amendements;

mais la terre remuée et exposée à l'air ne devient productive qu'au bout de vingt-cinq ans. La remarque a été faite dans les terres remuées profondément par le génie militaire, tandis qu'en y mettant du fumier, elle produit la même année et les années suivantes, sans engrais. Les plantes se nourrissent dès lors aux dépens de l'atmosphère et enrichissent le sol. Le moyen de se procurer des engrais, c'est l'éducation des animaux.

— ❧ —

CHAPITRE III.

LES ANIMAUX UTILES.

Bétail de vente et bétail de travail. — L'importance des animaux en agriculture n'est pas l'objet d'un doute. On distingue le bétail de vente et le bétail de travail. Le bétail de vente ce sont les animaux qui servent à l'alimentation. On retire de leur élevage le plus de produits possibles : de la viande, de la graisse, du lait, de la laine, etc. Le bétail de travail, ce sont les animaux qui ne servent pas à l'alimentation, desquels on exige des conditions de force, de santé, de sobriété qui font valoir le sujet. On retire d'eux le plus possible en les faisant travailler.

Bœuf. — Le bœuf, à la fois bétail de vente et bétail de travail, est un animal des plus utiles en agriculture. La vache, sa femelle, nous donne en abondance du lait, du beurre, du fromage. Le bœuf, le robuste et patient compagnon des travaux agricoles du laboureur, après avoir pendant cinq où six ans fertilisé nos terres en les retournant incessamment et les enrichissant de son engrais, nous nourrit de sa chair. Sa peau fournit le cuir le plus épais et le plus employé. Il n'y a pas jusqu'à son poil, appelé bourre, ses os, ses cornes, ses intestins qui ne soient utilisés.

Yuk. — L'yuk se trouve classé dans le genre du bœuf, mais il est plus petit. Par les soins de la société d'acclimatation, il est désormais rangé dans nos animaux domestiques.

Zébus. — Le zébus, bœuf à bosse. Comme l'yuk, le zébus est originaire de l'Asie et a été récemment introduit en France.

L'yuk et le zébus ayant le dos conformés comme celui du cheval, servent de bête de somme et doivent par conséquent être considérés comme bétail de vente et bétail de travail. M. Champolion a trouvé le zébus sculpté sur les monuments de l'ancienne Egypte. Thèbes, aux cent portes, pour nourrir son immense population, possédait un animal servant à la fois de nourriture et de moyen de transport, qualité des plus essentielles pour la culture des montagnes. Ces animaux peuvent donc être très utiles, d'autant mieux qu'ils ont le pied conformé pour passer dans les sentiers les plus abruptes.

Cheval. — Le cheval est le plus précieux des animaux, pour la monture et comme bête de trait et de charge. C'est uniquement un animal de travail, et il n'est pas possible d'en avoir bon nombre, son entretien étant dispendieux.

Ane. — L'âne est également rangé dans la classe du bétail de travail, il est surtout précieux pour les montagnes. C'est la monture et la bête de somme du pauvre.

Mulet. — Le mulet, aussi bétail de travail, est le produit de l'accouplement de l'âne et de la jument. Il est sobre, supporte la faim, la soif, les privations avec résignation. Robuste, vif, il a dans tout son être une force musculaire considérable. Il rend de grands services pour le charroi et comme bête de somme.

Chèvre. La chèvre, bétail de vente, est de tous les animaux celui qui, a nourriture égale fournit le plus de lait. Il y a grand avantage à tenir des chèvres, qui fournissent du lait, du fromage, des chevreaux qui, parvenus à l'âge de six ou sept ans, sont engraissés et servent à l'alimentation.

Mais la chèvre présente un grave inconvénient : sa dent est mortelle pour toutes les plantations. Il y a donc intérêt à ne pas la laisser vaquer dans les cultures, elle y causerait les plus graves dommages.

Mouton. — Le mouton est la partie la plus importante du bétail de vente. Cet animal, d'une utilité si grande, existe en très grand nombre. Il nous habille de sa laine, nous nourrit de son lait, de sa viande qui est généralement la plus consommée.

Si la chèvre est nuisible dans les bois et les cultures, le mouton ne l'est pas moins, par sa dent et ses pieds. Il dévaste les bois, dévore l'herbe jusqu'à la racine, la laisse dépouillée de toute couverture, exposée aux pluies, au dégel ; ses pieds crochus s'enfoncent dans la terre, qui restant soulevée par le piétinement est entraînée au loin par les eaux. Il est donc essentiel de parer à ces inconvénients.

Lama. — Le lama, bête à laine des Andes, est classé dans le genre mouton. Il possède les mêmes qualités que le mouton dont il a trois fois la grosseur ; sa nourriture est proportionnellement la même.

De plus que le mouton, le lama est à la fois bétail de vente et bétail de travail. Par la conformation de son dos comme celui du cheval, il sert de bête de somme et porte un poids de cinquante kilogrammes. En en possédant un nombre, qu'il est possible de nourrir avec profit, et chargeant chacun d'eux de ce poids, on peut économiser pour les transports un temps considérable. C'est l'effet d'une charrette dans les lieux les plus abruptes, vu que cet animal est doué d'une sûreté de pied étonnante. Le lama est le chameau des montagnes. Il est donc à désirer que l'Etat consacre à son introduction sur une vaste échelle, une partie des fonds alloués pour le reboisement des montagnes, sur ce que cet animal serait un des plus puissants auxiliaires pour leur cultures.

Suppression du régime pasto-

ral. — Il a été reconnu que le parcours des animaux ne saurait être que très préjudiciable aux gazons et aux bois. On veut mettre les semis et plantations temporairement en défense sauf plus tard les déclarer défensables et régler plus tard le nombre des animaux à introduire dans les bois et les pâturages. La porte reste ouverte à l'abus, c'est arriver à détruire de nouveau ce qui a été réédifié à grands frais. Quand on veut parler d'une propriété livrée à l'abandon, on dit qu'on y fait paître les moutons. Il est de toute nécessité d'arriver à la suppression du régime pastoral, comme l'enfance de l'art agricultural, pour y substituer le régime de la stabulation, plus conforme aux progrès de la science agricole, et répondant mieux par une production décuple aux besoins de l'époque.

La stabulation. — La période pacagère est le premier gradin de l'échelle culturale, la stabulation en est le dernier. Dans toute culture avancée, les animaux sont tenus dans les étables, les cours, les parcs, où d'abord une nourriture réglée profite mieux à leur santé, et par ce moyen aucun fumier n'est perdu. Ce fumier, convenablement enterré, engraisse le sol, tandis qu'avec le parcours, sur des pentes rapides surtout et des terres non cultivées, les détritus des animaux ne profitent nullement à la terre, ils sont entraînées par les eaux, et entièrement perdus. La stabulation est donc une condition essentielle de la culture des montagnes.

CHAPITRE IV.

LA CULTURE.

Départ et retour du cultivateur des montagnes. — La distance de l'habitation du cultivateur étant d'environ une heure de chemin, il opère le chargement des animaux qu'il veut à sa disposition, en fumier, graines à semer, arbres à planter, outils nécessaires à la journée, la nourriture pour lui et ses auxiliaires, même une tente pour se mettre à l'abri du soleil et de la pluie. Comme l'arabe il réserve son cheval pour sa monture, et dirige la marche de ses animaux auxiliaires, il arrive sans fatigue et passe sa journée au travail. Sur le déclin du jour il opère de nouveau le chargement de ses animaux qu'il a tenu à l'attache sans les laisser vaquer ; il rapporte au logis le bois qu'il a ramassé, le foin qu'il a coupé avec la faux où la faucille et autres produits. Quand sur douze heures de la journée, il n'en aura employé que six au travail, il aura gagné davantage qu'à perdre son temps à laisser vaquer ses moutons.

Fossés d'écoulement. — En jetant les yeux sur le sommet des montagnes, il sera facile de faire la remarque que ce sommet est uni et ne présente pas de trace d'érosion. Ce n'est qu'à la distance de quinze à vingt mètres, que de petites rigoles commencent à se former. Un peu plus loin les eaux des pluies ayant acquis plus de force par leur réunion, se précipitent dans un creux qu'elles ont formé. Leur force dévastatrice croît en proportion de leur croissance en force et en vitesse, emportant les terres et rochers de la vallée, jusqu'à ce que parvenues dans la plaine, leur cours se ralentit.

Le moyen de parer à ces inconvénients a été trouvé par le cultivateur de guarrigues ou propriétés montagneuses. Il creuse des fossés horizontaux d'écoulement des eaux (coussières), à la distance de quinze où vingt mètres suivant la disposition du terrain. Ces fossés rejettent l'eau des pluies dans le ravin le plus proche, ou grands fossés verticaux, creusé exprès. Par ce moyen les eaux des pluies, n'ayant plus qu'un espace restreint à parcourir, et ne pouvant s'accumuler, ne font aucun dégât même dans les pentes les plus fortes, et la terre même fraîchement remuée n'est pas emportée. M. de Lambot Miraval, agronome distingué, a par ce moyen seul, opéré le gazonnement de ses montagnes, et si on ajoute des engrais, la réussite est encore plus certaine. Les arbres plantés sur les bords de ces fossés, poussent avec la plus grande vigueur.

Barrages. — Dans les ravins ou grands fossés verticaux, où les fossés horizontaux d'écoulement sont deversés, il sera nécessaire d'y établir des barrages suivant le degré de pente ; pour que les terres ne soient pas entraînées. Ces barrages pourront être construits soit en pierres, soit en fascines retenues par des pieux. Plus ces barrages seront rapprochés plus ils seront solides. Ils se soutiennent les uns par les autres. De chaque côté du vallon, il sera fait des plantations d'osier ou de peuplier avec des boutures de ces arbres, enfoncés au moyen d'un pieu en fer, à la distance d'environ un mètre. Avec l'humidité, ces boutures réussissent parfaitement. On peut aussi bien y faire une plantation d'arbres plus productifs, tels que frêne, cerisier, noyer, etc. Les racines des arbres se croisant le vallon, forment une digue et des barrages, qui ne laissent aucune prise aux eaux.

Sentiers. — Après les fossés d'écoulement des eaux et barrages, les sentiers sont des plus nécessaires. Il y a toujours un chemin principal conduisant aux diverses propriétés, cela existe partout ; mais il faut encore des sentiers, pour facilement parcourir les parties montagneuses livrées à la culture. Il est de toute nécessité de pouvoir circuler librement, dans toutes les divisions du terrain qui auront été faites. Il faut pouvoir faucher le gazon ou le couper avec la faucille. Il faut que les animaux puissent circuler dans ces sentiers. Cinquante centimètres de largeur suffisent ; de même que les fossés d'écoulement, plus ils seront rapprochés mieux cela vaudra. Dans ces sentiers multipliés dans les montagnes à travers les bois et les gazons, qui seront foulés pour l'exploitation, il y aura plus que l'utilité, il y aura encore l'agrément du propriétaire, circulant facilement dans ses montagnes, pour les explorer, et songer à de nouvelles améliorations pour augmenter leur produit.

Soutènement des terres. — Dans les parties montagneuses, tellement abruptes que la terre remuée par la pioche, serait entraînée par une pente trop rapide, on retient cette terre par des pieux et fascines, des traînées avec des branches qu'on trouve sur place, en y faisant des semis où plantations d'arbres. En y mettant de l'engrais, les racines des plantes où des arbres, retiendront la terre, quand même les pieux où fascines viendraient à pourrir. En prévenant par les moyens indiqués l'entraînement des terres, les rochers même finissent par se désagréger avec le temps. Leur superficie devient friable, par l'effet du gel et du dégel, ils se couvrent de mousse, et il devient possible de les gazonner.

Si on n'a pas de pieux et de fascines à sa portée, on cultive par bandes alternes, d'après les enseignements de M. M. Parade et

Delafond. L'avantage de ce mode de culture est incontestable en montagne. Ces rayons parallèles à l'horizon soutenus par des bandes incultes, empêchent la terre de s'ébouler. Les semences et les jeunes plants sont abrités par les herbes et les arbustes, qui peuvent se trouver dans les bandes voisines.

Drainage. — Ce mot nous vient d'Angleterre, des tuyaux en terre placés à environ quatre-vingt centimètres de profondeur pour recueillir les eaux, et assainir le terrain s'appellent *Drains*. Cette opération de saigner la terre est de temps immémorial connu dans le midi, on l'appelle *touna*. Ce travail consiste à ouvrir un grand fossé, pris en travers du terrain, pour recueillir les eaux. Ce fossé est approfondi jusqu'au rocher ou jusqu'à la terre glaise. On tasse alors la terre pour que l'eau ne descende pas plus bas ; des deux côtés on place des pierres sur lesquelles on en pose une autre pour couverture, ce qui forme un conduit souterrain. On remplit le dessus avec tous les graviers qu'on peut trouver dans le voisinage, jusqu'à cinquante centimètre du sol ; on couvre alors de terre. Voilà comment se pratique le drainage dans le midi. On peut cependant mettre des tuyaux, si on est à portée de s'en procurer.

Il peut se trouver des points qu'il faille drainer. Dans les montagne, il se présente des cas où l'eau filtre entre le rocher et la terre superposée, entraîne cette terre, et forme ainsi un vide souterrain. Ce vide produit un affaissement de la montagne, dont une partie est entraînée. Quelquefois même un village entier change de place. Il est possible d'éviter cette catastrophe, en faisant les opérations de drainage ou plutôt de *touna*, opération méridionale plus complète et plus efficace.

Irrigations. — En drainant une terre il arrive qu'on se procure une source. Avec cette source ou avec l'eau du vallon voisin qu'il est possible de dériver par des fossés, on y mine les parties montagneuses par des rigoles d'arrosages dans lesquelles on verse l'eau des fossés. Ces rigoles établies à des intervalles rapprochés d'environ quarante mètres, sont ouvertes avec le niveau de maçon et établies horizontalement. Moyennant cela l'eau se répand également et par petite quantité, et pas une parcelle de terre n'est entraînée.

CHAPITRE V.

GAZONNEMENT.

Semis. — Pour préparer la terre à recevoir la semence, on peut le faire à toutes les époques de l'année. Pour le semis de graines de prairies, il n'y a que deux époques, le printemps et l'automne. L'époque de l'automne est préférable, les plantes prennent racine à la fin de l'automne où il pleut fréquemment ; au printemps, les racines s'enfoncent davantage dans le sol pour pouvoir supporter la sécheresse de l'été.

Il est d'usage, en semant une prairie, de lui donner une plante protectrice choisie parmi les céréales. Si le semis se fait avant l'hiver on choisit le seigle, l'orge, l'épautre ou le froment. Si c'est le printemps on lui associe l'avoine.

Ces céréales se sèment les premières et se recouvrent. Ces fourrages sont coupés à l'époque de la floraison.

L'enfouissement de la graine de pré à une profondeur qui dépasse trois millimètres à un centimètre, est toujours préjudiciable à la prairie.

Il ne faut pas craindre de semer trop épais, Plus les jeunes plantes de gazon sont espacées, plus les mauvaises herbes trouvent de place pour se propager. Après il est difficile d'y remédier.

Le choix de la graine est d'une grande importance. Le mieux est de la recueillir soi-même. A cet effet on choisit chez le grainier quelques semences choisies, on les sème et on fait la récolte à la maturité des plantes d'une quantité suffisante de graines, de chaque espèce, relative à la quantité de terrain que l'on veut ensemencer.

Plantes fourragères. — Nous renvoyons à cause de l'étendue de l'ouvrage, aux auteurs spéciaux ci-après cités, pour la désignation de chaque plante fourragère, l'indication de la nature du sol dans lequel elle prospère, calcaire, schisteux, argileux ou sabloneux, si elle croît dans un terrain sec, humide ou marécageux, s'il lui faut de la profondeur. Telle plante réussit ici qu'elle ne peut réussir ailleurs. Enfin l'exposition et l'altitude où cette plante doit se trouver placée.

Récoltes des foins. — On procède au fauchage des prairies, lorsque le plus grand nombre des graminées sont en fleur; et après le fanage et dessécation complète, on le rentre au fenil.

Semez une prairie la même année elle produit. Il n'en est pas ainsi des semis ou des plantations d'arbres. Le boisement n'offre un produit que dans un avenir plus éloigné.

CHAPITRE VI.

BOISEMENT.

Choix des terrains. — Il faut d'abord porter son attention sur la nature du sol sur lequel on a à faire des semis ou plantations. S'il est calcaire, schisteux, argileux ou sabloneux. Il faut remarquer s'il est humide ou marécageux, s'il a de la profondeur où s'il en manque, une essence qui ne réussit pas dans tel terrain, peut convenir à un autre. Il faut tenir compte de l'exposition, en désignant chaque arbre, il sera désigné le terrain et l'exposition qui lui conviennent.

Il faut ensuite considérer dans la culture des bois, leur formation, leur entretien et leur récolte. La formation d'un bois s'opère par semis et plantations.

Semis. — La semence doit avoir été récoltée à sa complète maturité, elle doit être semée à l'époque la plus voisine de la récolte, à moins que les plantes, étant de celles qui redoutent les rigueurs de l'hiver, il ne faille les conserver avec des soins particuliers. La terre qui les reçoit doit être fraîchement remuée; on en met moins quand la terre est bonne et le terrain bien cultivé, on en met plus dans les cas contraires. En général, les semences demandent à être peu recouvertes de terre, on ne recouvre pas du tout les semences légères. Les bois formées par la voie des semis, ne demandent pas à être cultivés pendant les premières années, à moins que les jeunes pousses ne paraissent étouffées par des herbes trop épaisses. En général, ces plantes forment pour les arbres un abri protecteur.

Plantations. — Les plantations se font avec de jeunes plans, élevés dans les pépinières ou arrachés dans les forêts, soit avec des jeunes arbres, ayant déjà acquis dans les pépinières une certaine force. Les plants arrachés dans les bois sont les moins bons ;

leurs racines sont peu chevelues, et ils sont moins propres à braver les chaleurs et les intempéries. On plante depuis la chute des feuilles, jusqu'à leur renouvellement. L'automne est préférable dans les sols légers et chauds, le printemps dans les terrains argileux et humides. Généralement on dépouille le jeune sujet d'une partie du chevelu de ses racines, on appelle cela *habiller* le plan. C'est une pratique funeste, on ne doit retrancher du plant, que les racines mutilées et froissées.

Dans un terrain préparé, on plante les taillis éloignés d'un mètre cinquante centimètres ; en futaie, on laisse un intervalle de sept à huit mètres. Le plant demande des soins pendant plusieurs années. On débarrasse le sol des mauvaises herbes par des binages annuels, on regarnit les endroits où les plants ont manqué. Si l'on veut créer un taillis, on coupe au bout de quelques années. Si l'on veut former une futaie on émonde les branches du tronc de l'arbre à une certaine hauteur ; jusqu'à six ans on doit leur laisser autant de hauteur de tête que de tige ; après cet âge on peut retrancher les branches jusqu'aux deux tiers de la hauteur de l'arbre, mais pas au dessus.

Entretien. — Les bois une fois formés demandent des soins divers, qui en augmentent la richesse, tels sont l'élagage, le nettoiement, et les éclaircies dans les jeunes taillis.

Elagage. — L'élagage, pour réussir, doit être fait avec certaines précautions : on ne doit couper que les branches inférieures des arbres. Les grosses branches ne sont pas coupées immédiatement près de la tige principale, mais on réserve un chicot ou tronçon d'environ un pied de longueur. On laisse subsister les plus belles branches verticales, et si le même arbre présente deux tiges élevées, on retranche la moins belle.

Les taillis ne doivent être élagués que lorsque le sol est suffisamment ombragé, pour qu'il conserve encore après l'élagage l'humidité nécessaire à la végétation des arbres. Il est inutile d'en élaguer les brins qui ne sont pas destinés à devenir un jour des baliveaux. Les élagages d'ailleurs se font dans la jeunesse de l'arbre. On commence au mois de septembre, pour les terminer au mois de mars. Les bois résineux ne doivent pas être élagués, on peut seulement couper leurs branches inférieures de 7 à 8 pouces de la tige.

Nettoiements et éclaircies. — Les nettoiements et les éclaircies dans les taillis sont une opération nécessaire : on les débarrasse aussi des épines, des ronces, des genêts, du lierre et de la bruyère, aussi bien que des brins mal venants qui nuisent au développement de l'arbre ou des arbres voisins. On éclaircit une seule fois dans les taillis, qui doivent être coupés de 20 à 25 ans, et l'on doit observer surtout de ne laisser la terre découverte, dans aucun endroit, et de conserver plutôt quelques mauvaises essences, quelques buissons improductibles, que d'exposer le sol à une sécheresse qui le rendrait stérile.

Dans les bois d'arbres résineux, on éclaircit seulement quand ils s'embarrassent et se nuisent, par l'entrelacement de leurs rameaux trop serrés, car il convient qu'ils se pressent les uns contre les autres, afin de mieux résister aux vents qui les fatiguent. Abandonnés à eux-mêmes, ils finissent par s'éclaircir mutuellement, mais on en tire plus de produit en les éclaircissant soi-même par degrés.

par le retranchement de ceux qui paraissent sur le point d'être étouffés par la croissance plus rapide des autres. C'est surtout quand le sol peu profond offre peu de prises aux racines, qu'on doit craindre de la priver d'un appui nécessaire par des éclaircies imprudentes.

Exploitation. — Après l'art de cultiver les bois, vient celui de récolter leurs produits, ce qu'on appelle aménagement. L'aménagement est une science fort importante et qui contribue beaucoup à augmenter le revenu. On doit suivre des règles différentes suivant que le bois est en taillis ou en futaie.

L'aménagement d'un taillis se fait en autant de parties ou coupes qu'il doit durer d'années. Aussi on distribue en vingt-cinq coupes les taillis destinés à être coupés tous les vingt-cinq ans, et en vingt celui qui peut être exploité avantageusement à sa vingtième année. Delà la question importante de savoir à quel âge il convient de couper les taillis.

L'exploitation et l'aménagement des futaies n'est soumis à aucune règle générale. Quelque fois le propriétaire laisse croître les arbres tant qu'ils paraissent acquérir par leur croissance annuelle une nouvelle valeur, et ne les retranche que lorsqu'ils touchent à la décrépitude, d'autres fois il les coupe à fur et à mesure de ses besoins, pour les constructions ou pour l'augmentation de son revenu. Les uns coupent les arbres en jardinant parmi les futaies, choisissent ceux qu'il est plus avantageux d'abattre ; les autres coupent à la fois toute une certaine étendue de forêt. L'avantage est encore comme pour tous les taillis, pour celui qui laisse le plus vieillir ses coupes, jusqu'à une certaine limite.

Cette époque diffère évidemment suivant les lieux et la nature des bois, suivant les débouchés, l'emploi qui doit en être fait. En général et sauf quelques circonstances, l'avantage est pour celui qui laisse le plus longtemps vieillir ses coupes, pourvu que cela n'aille pas au delà d'une certaine limite de temps qu'il faut savoir fixer.

Après la culture et les produits des arbres en général, se présentent la culture et les produits de chaque arbre en particulier. Nous renvoyons aux auteurs spéciaux ci-après cités pour la désignation de chaque espèce à la fin de l'ouvrage, à cause de la longueur de chaque désignation. Nous joignons à chaque arbre l'indication de la nature du sol dans lequel il prospère, calcaire, schisteux, argileux ou sabloneux. S'il croît dans un terrain sec ou humide, ou marécageux, s'il lui faut de la profondeur. Tel arbre réussit ici et ne peut réussir ailleurs. Enfin l'exposition et l'habitude où cet arbre doit être placé.

CHARITRE VII.

LE TRAVAIL.

Les bois et les gazons s'offrent à nous comme un produit spontané du sol, et on s'est habitué à les considérer comme ne demandant pas la main de l'homme. Il importe de déraciner les vieilles idées que les montagnes doivent être livrées à elles-même sans culture, et qu'il n'y a qu'à en retirer tout ce que l'on peut. Ces idées doivent disparaître devant les progrès de la science agricole. Il faut bien se convaincre qu'il faut que l'art vienne comme partout au secours

Lectures. 3

de la nature. Il s'agit d'appliquer aux montagnes, la culture, l'engrais comme dans les plaines, pour qu'elles donnent aussi leur produit et un produit multiple.

Mais la culture des montagnes nécessite un travail pénible. La houlette du berger doit désormais être transformée en pioche. Si Abraham, Isaac, Jacob revenaient sur la terre au lieu de faire paître leurs innombrables troupeaux par suite de la dévastation opérée pour nourrir toutes les générations qui se sont succédées sur le sol et qu'elles ont épuisé, ils seraient réduits à charrier des engrais. Les anciens comptaient quatre âges : l'âge d'or, l'âge d'argent, l'âge de cuivre et l'âge de fer. Eh bien ! il ne faut pas se le dissimuler, c'est l'âge de fer qui s'appesantit sur nous dans toute sa vigueur.

Le travail est le but de chacun sur la terre : marchand ou fabricant, soldat, laboureur ou artisan, riche ou pauvre nous devons tous travailler. Il n'y a pas de profit sans peine. Pour gagner son pain il faut travailler dans la montagne comme dans la plaine ; saint Paul déclare que celui qui ne veut pas travailler ne doit pas manger.

Ne croyez jamais que le bien vienne en

dormant, et qu'on gagne quelque chose à rester les bras croisés.

Mon ami, dis-moi, combien tu travailles, et je te dirai combien tu gagnes. Si tu ne te fatigues pas pour travailler, tu ne te fatigueras pas à ramasser ton argent.

La misère regarde à la porte du travailleur et n'y rentre pas ; mais elle est chez le fainéant, s'assit à son foyer, et les voilà qui se peignent comme chats qui se battent.

Le travail paie les dettes, la fainéantise les fait.

Un champ ne rapporte rien, quand il n'a été arrosé de la sueur de celui qui le cultive.

Deux hommes semèrent une graine :

L'un se contenta de la jeter sur la terre, puis il attendit que la pluie, que la rosée et le soleil l'eussent fait croître.

L'autre commença par labourer profondément, il sema la graine, quand elle fut levée, il l'arrosa soigneusement, puis il arracha les mauvaises herbes, il sarcla et bina la terre.

Il arriva que la graine semée par le premier leva mal, et qu'ensuite elle fut brûlée par le soleil et étouffée par les mauvaises herbes.

Au contraire la semence du second, poussa des jets vigoureux, la plante grandit, elle se leva florissante et couverte de feuillages, puis en automne elle donna ses fruits en abondance.

Telle est la différence de l'oisiveté et du travail.

L'oisiveté et la paresse rendent tout stérile; le travail produit et féconde.

J'ai passé sur le champ de l'homme paresseux, il était rempli de ronces et couvert d'épines ; les murs de son habitation s'écroulaient. Ce spectacle est resté gravé dans mon souvenir et je me suis dit : on se croise les bras, on se repose, et pendant ce temps la pauvreté arrive comme l'éclair, l'indigence accourt et vous saisit.

Le paresseux regarde la fourmi, examine ses travaux et apprend la sagesse.

Qui compte sur l'expérience mourra de faim; c'est sur ses bras que chacun doit compter.

NOTES.

JUSTIFICATION DU SYSTÈME PAR LES AUTEURS.

M. Rauch, ingénieur en retraite. *Régénération de la matière végétale*, deux in-8°.

On peut trouver dans cet ouvrage de bonnes idées sur les plantations. Au sujet des pâturages, M. Rauch, est partisan du régime pastoral. Il loue les Espagnols de s'être empressés d'introduire ce régime dans leurs vastes possessions d'Amérique. Il faut aussi louer les Anglais d'avoir introduit le régime pastoral en Australie, dans cette nouvelle contrée, où il y a un demi-siècle il n'existait pas un seul mouton : cet animal s'y compte aujourd'hui par millions.

Mais parce que les Espagnols et les Anglais ont introduit le régime pastoral dans ces nouveaux mondes, est-ce une raison pour le maintenir dans l'ancien monde ? L'Amérique et l'Australie sont des terres neuves, des terres vierges, des terres où l'humus est surabondant, des terres couvertes d'une végétation luxuriante, où ne se trouve encore qu'une population clair-semée ; tandis que dans la vieille Europe, ce sont sinon des terres du moins des montagnes épuisées, foulées depuis un temps immémorial par les moutons, dépourvues d'humus, livrées à l'abandon, vulgairement une terre en pays de montagne où l'on fait paître les moutons, est une terre censé abandonnée.

Dans quel état se trouvent ces belles contrées de l'Asie, autrefois couvertes d'une population immense. L'Asie mineure, la Mésopotamie et surtout la Palestine, cette terre de Canaan, promise et donnée par Dieu comme la plus fertile de l'univers, où les pasteurs gardaient leurs inombrables troupeaux, n'est-elle pas aride et déserte ?

La stérilité de cette terre autrefois si riche, a-t-elle d'autre cause que le régime pastoral ?

Qui a produit son épuisement sinon l'effet destructif de ce régime, et cela dans les plaines comme dans les montagnes. Il est de toute nécessité de rendre à la terre par les engrais, l'humus qu'on vient lui enlever. Avec le régime pastoral, que de quantités immenses de matières fertilisantes sont entraînées par les pluies. L'Arabe ignorant les premiers principes de l'agriculture, réduit au régime pastoral, c'est-à-dire à l'enfance de l'art, ne fait que la solitude et le désert de ces pays autrefois si fertiles. Il parcourt avec ses maigres troupeaux de vastes espaces, où ils ne trouvent plus qu'une nourriture insuffisante.

La même cause a produit les mêmes effets en Europe, qu'en Asie et en Afrique. Pour régénérer la matière végétale, il est de toute nécessité d'abandonner le régime pastoral pour adopter le système contraire, le système de la stabulation. Voyez nos plaines : ne sont-elles pas devenues d'une fertilité étonnante par suite de l'adoption de ce régime? Pourquoi ne pas suivre le même chemin pour les montagnes. La providence a créé des animaux à l'aide desquels le travail de l'homme dans les montagnes, serait productif; pourquoi ne pas faire tous nos efforts pour s'en procurer ! Demandons ces animaux aux contrées étrangères, sachons les employer, et nos montagnes reverdiront comme nos plaines et donneront des produits.

M. Blanqui de l'Institut. *Rapport sur la situation économique des départements de la frontière des Alpes*, lu à l'académie des sciences morales et politiques dans la séance du 25 novembre 1843.

« L'observateur qui descend du Dauphiné vers la Provence, dit M. Blanqui, est arrêté par les anfractuosités bizarres et multipliées que présentent les montagnes. On n'y trouve pas sur une étendue de plus de cent lieux, un seul cours d'eau navigable, un seul de ces grands bassins, tel que celui de la Marne, de la Saône, de l'Yonne qui vivifient des provinces entières. Les rivières des Alpes participent du caractère de torrents, par leur pente rapide et par leur marche capricieuse sur un lit de cailloux roulés. Tels sont le Drac, la Romanche, le Verdon, la Durance, qui offrent les types divers de ces cours d'eaux inconstants et perfides, où viennent se déverser par d'innombrables affluents, les sources perpétuelles des glaciers, les fontes des neiges, les pluies d'orage de toutes les régions supérieures. Le Rhône reçoit dans la partie basse de son cours le produit vraiment extraordinaire de ces crues formidables qui ont acquis, dans les dernières années, des proportions inaccoutumées et inquiétantes. Les torrents apportent ainsi leur contingent de dévastation aux plaines de Vaucluse, du Gard, des Bouches-du-Rhône, après avoir ravagé les montagnes, selon certaines lois de destruction, que la science des ingénieurs a essayé de formuler, tant leur marche est devenue constante et infatigable.

A tous ces éléments si actifs de destruction qu'on ajoute maintenant ceux qui viennent de l'élévation et de la déclivité des montagnes, de leur constitution géologique, et on aura une juste idée d'une situation féconde en désastres. »

M. Dugier, préfet des Basses-Alpes, *Reboisement des Alpes*, 1818.

L'état des montagnes a été depuis longtemps un sujet de sollicitude pour l'administration. M. Dugier propose de reboiser les montagnes nues et de réserver pour les páturages , les montagnes complantées en arbustes , comme buis , gênets, genevriers, coudriers , etc.

Du temps où M. Dugier écrivait, la science agricole n'avait pas fait tous les progrès qu'elle a réalisés depuis. La solution du problème est de traiter les montagnes comme les plaines, par la culture et les engrais. Que la science et le travail viennent au secours de la nature, que le système de la stabulation soit appliqué, partout sur les plateaux se créeront des prairies, et sur les pentes des bois. Avec les fossés horizontaux et les barrages, l'inconvénient des inondations sera évité. Il ne s'agit que d'avoir un animal nouveau, à la fois alimentaire, bête de somme et lanifère pour le faire avec profit. Il est nécessaire de ne négliger aucun moyen pour se le procurer.

M. Paulon de Valonne expert du cadastre. *Observations et remarques 1° sur les besoins de la conservation des pleins bois ; 2° sur la nécessité de la tenue des troupeaux lanifères; 3° sur l'utilité de la réintégration réelle des communes dans la possession et jouissance de leurs biens usurpés, 1849.*

M. Paulon connait les Alpes qu'il a parcouru pendant trente cinq ans. Or voici la conclusion de son ouvrage. « Dans le vérita- ble intérêt de tous les Bas-Alpins, il est bien à désirer 1º que des mesures promptes et sérieuses soient au plutôt prises et mises en exécution sans tiédeur, pour arrêter la fureur des défrichements, des arrachis, des écobuages, avec ou sans incinérations dans les pentes, dans tous les terrains inclinés de nos montagnes, de nos collines en nature de friche vaines et vagues, gazons pâturés et terrains boisés, tant particuliers que com- munaux. Ainsi que je l'ai dit plus haut, il faut tondre avec le faucillon, et ne jamais arra- cher, jamais déraciner. La tonte et la coupe faite avec règle, avec discernement, ont le double mérite de conserver les plantes, de les conforter, de faciliter leur accroissement et leur reproduction, tandis que comme je ne puis trop le redire, arracher, déraciner, écobuer c'est la détruire, c'est l'anéantir sans retour.

Que la tenue des troupeaux véritablement indispensable dans notre pays, ne soit pas moins soumise à un règlement dans cha- que commune en raison des terrains propres aux parcours et aux pacages, qu'elle renferme , tant en bois broussailles vaines et vagues, gazons, etc.

3° Que les pleins boiss et les terrains boisés existant , tant communaux que particuliers , dont le département a pour se suffire et pour mettre en réserve, soient soumis à une surveillance conservatrice , sans préjudicier aux usages et aux véritables besoins des habitants et aux droits des propriétaires avec interdiction dans les uns comme dans les autres de déboisements et de défrichements.

4° Que l'usage des biens et des bois communaux soit mieux réparti qu'il ne l'a été jusqu'aujourd'hui , c'est une chose juste à réclamer. »

M. Paulon démontre la nécessité absolue des troupeaux lanifères pour les habitants des montagnes, et la nécessité de les réduire, deux choses incompatibles : le remède aux maux qu'il signale , le moyen d'avoir des troupeaux , et de les augmenter. Ces troupeaux, au lieu de les réduiré , c'est l'introduction et l'emploi d'un nouvel animal lanifère au moyen duquel un nouveau régime est subtitué à l'ancien, d'un animal producteur de fumier et bête de somme;

outre qu'il est alimentaire et lanifère, fasse lui-même le transport de ce fumier par les sentiers les plus abruptes, et permette aux montagnards de se livrer à leur fureur de travail qui opéré dans de bonnes conditions, avec fossés horizontaux et barrages, seront tout-à-fait sans inconvénients et permettront de faire dans les montagnes, comme dans les plaines, une agriculture avancée dont les produits se déverseront sur tout le pays.

M. François Marie. *Moyens de prévenir les inondations, et d'accroître les bois et les pâturages.* Marseille, Rouen, 1862.

M. François Marie préconise les barrages pour retenir les terres que les eaux ne cessent d'enlever aux montagnes. Mais, dit-il, à l'égard des pâturages : « Si malheureusement contre la raison et le sens commun, des écrivains obtenaient un jour des mesures de suppression des troupeaux transhumans, alors la viande se payerait cinq francs le kilogramme ; elle serait pour ainsi dire proscrite dans toute la Provence, et ces mesures achèveraient sa ruine en attaquant de front la subsistance du peuple et sa principale industrie. Elles jetteraient la haute

Provence dans la misère, anéantiraient leurs fabriques et feraient émigrer en masse. »

M. Marie reconnaît bien la destruction qui s'opère par le parcours des moutons, mais il maintient le régime pastoral comme régime de nécessité. Tout en maintenant ce régime puisqu'il fait vivre., n'est-il pas à propos d'en préparer un nouveau, mieux approprié aux besoins des temps ! régime qui peut se substituer au premier, insensiblement et sans secousses, sans s'imposer de privations, qui multipliera les produits et les bestiaux au lieu de les diminuer, système qui, quoiqu'on puisse dire, finira par se réaliser, il n'y a qu'à en signaler la nécessité. Il y a cinquante ans pas un mouton n'existait en Australie, qui les compte aujourd'hui par millions. Il en sera de même du lama dont l'introduction a eu lieu dans cette contrée, et qui s'y est parfaitement acclimaté. C'est le même climat que le nôtre, c'est notre antipode.

M. Zéphirin Jouyne, avocat sous-bibliotécaire à l'arsenal à Paris. *Reboisement des montagnes, difficultés, causes des inondations, moyens de les prévenir, 1849.*

M. Jouyne dit « sous cette impression

qu'une loi forestière pourrait ruiner les habitants des départements dont les pâturages en montagne sont presque l'unique ressource, je me hâtais de faire un travail sur le reboisement et les difficultés qu'il présente. Ce travail fut mis en manuscrit sous les yeux d'un grand nombre de députés. C'est cet ouvrage que je publie aujourd'hui avec quelques modifications sous les auspices du conseil général des Basses-Alpes qui a bien voulu, dans la session de 1849, par un vote, m'en témoigner sa satisfaction, et faire une mention honorable de mon manuscrit dans son procès-verbal.

Je le publie sous les auspices et la bienveillance de la société d'agriculture des Basses-Alpes. En faisant paraître mon ouvrage dans son journal, cette société a facilité l'impression et rempli le vœu du conseil général qui en a donné la publication par son vote. »

M. Jouyne développe longuement les conséquences fatales de cette loi sur le reboisement, proposée en 1848, à tel point que ses motifs, furent pris en considération à cette époque la loi fut rejetée. Cette même loi repoussée alors a été adoptée en 1860, et complétée en 1864.

Les inconvénients de ces lois que M. Jouyne décrit, sont les mêmes aujourd'hui. Les habitants sont toujours dans l'absolue nécessité de tenir des bêtes à laine. Les pâturages, quelque épuisés qu'ils soient, étant toujours leur unique ressource, par leur réduction forcée il y aura perte de contributions, les montagnards seront hors d'état de payer l'impôt.

Les habitants des montagnes sont presque en totalité propriétaires, d'une plus ou moins grande partie de terre en déclivité des gorges. Mais quoique propriétaires fonciers, ils sont en général dans un état de pauvreté eu égard aux populations de pays en plaine. Plus de bestiaux, plus d'engrais, plus de terres productives, malgré les labeurs de toutes espèces.

Plus de laines pour l'industrie manufacturière. On préjudicie à la subsistance du pays. La grande diminution des laines amène une augmentation dans le prix. Renchérissement forcé du prix de la viande, objet de première nécessité. Les habitants sont plongés dans la misère, réduits à l'aumône.

On a bien essayé de s'en] tenir au bœuf; cet essai n'a pas réussi. L'administration l'avait vivement recommandé, mais elle a éprouvé de la résistance, le besoin était là et on est revenu au mouton. (Rapport de M. le Préfet des Basses-Alpes au conseil général, 1862.)

En effet, que coûte le transport des engrais et des récoltes dans les pays de montagnes où la charrette ne peut arriver? M. Domazon nous l'apprendra. Ce savant et modeste agent-voyer du département du Puy-de-Dôme, a reconnu et constaté que les frais de transport ne s'élevait pas à moins de quarante pour cent de la valeur des produits.

On comprend dès lors l'intérêt qu'on a de faire pâturer les moutons sur place, eux-mêmes vont chercher leur nourriture. Mais quand on sera en possession d'un mouton d'une autre espèce qui transportera les engrais, transportera les récoltes, dont l'emploi au lieu de détruire le sol en augmentera le richesse, on s'empressera d'en faire usage, l'intérêt sera là.

M. Fabre docteur en médecine, auteur d'un ouvrage très estimé sur le crétinisme. *Des habitants des montagnes considérés dans leurs rapports avec le régime forestier.* Marseille, Senez, 1849.

L'épigraphe de l'ouvrage nous indique tout d'un coup sa portée. « Le régime forestier, pour l'habitant des montagnes, c'est l'état de siége permanent. » L'écrit de M. Fabre n'est d'un bout à l'autre qu'une plainte, qu'une lamentation contre le régime forestier. M. Fabre est décédé avant les nouvelles lois de 1860 et 1864.

Les opinions de M. Fabre sont malheureusement celles des habitants des Alpes, leur hostilité contre le régime forestier est de toute évidence. Ils réclament un usage large des pâturages, comme condition de l'existence du bétail et des troupeaux, du bien-être des hommes, de la richesse agricole et commerciale des états, et de la civilisation des peuples. L'amour sacré du pays n'a pas, dit-il, de cœur plus ardent, que celui du montagnard qui émigre chassé par le besoin, et qui revient mourir sous le toit de ses pères.

Malheureusement cette funeste tendance à multiplier les troupeaux, dans les bois et pâturages, agrandit sans cesse le gouffre des torrents et ravins où viennent s'engloutir, toute la terre végétale, tout l'humus sans cesse entraîné à la mer. C'est là un fait qu'on ne saurait mettre en doute.

Pour multiplier les troupeaux sans en venir à une ruine complète du pays, il est nécessaire de les soumettre à la stabulation. Au moyen d'un mouton nouveau pouvant transporter les fumiers sur les plus hauts plateaux, sur les cîmes les plus élevées, au lieu de les faire pâturer sur place, les charger du foin qu'on aura ramassé pour le mettre au grenier.

Par l'introduction d'un animal si utile et au moyen du nouveau système, les bêtes à laine seraient augmentées ainsi que la richesse, on parviendrait alors à faire cesser cette hostilité si regrettable entre l'habitant des montagnes et l'administration forestière ; et, au moyen de cette conciliation si désirable, on réunirait les efforts ; il y a du travail pour tous pour arriver à un but commun celui de voir reverdir les montagnes et augmenter leurs produits.

M. Alexandre Surrel, ingénieur. *Etudes sur les torrents des Alpes.*

M. Surrel a décrit les effets funestes des

torrents des Alpes, dont les eaux dévasta-
trices viennent couvrir la plaine des graviers qu'ils entraînent. La cause du déboisement des montagnes il l'impute au climat.
« S'il pouvait, dit-il, rester quelque doute
sur le rôle actif que joue le climat dans la
production des torrents, je citerais une
observation générale qui a été faite depuis
longtemps dans les montagnes. Quand on
parcourt les vallées dirigées de l'est à l'ouest,
ou réciproquement, on remarque que les
versants tournés au nord sont généralement boisés et tapissés de végétation, tandis
que ceux tournés vers le sud, sont dénudés
et arides. On observe en même temps que
les premiers sont beaucoup moins infestés
par les torrents que les seconds, et le con-
traste est souvent tel que l'on voit des
revers horriblement mutilés par les torrents en face d'un autre revers, sur lequel
il n'en existe pas un seul.

Or il est évident qu'une pareille différence dans la manière d'être des deux revers, qui sont presque toujours formés des
mêmes boues de terrain ne peut s'expliquer
que par l'influence de l'exposition ; et comment agit l'exposition si ce n'est en tem-

pérant dans les versants tournés au nord, les effets du soleil méridional. Ils gardent plus longtemps les neiges, retiennent mieux l'humidité, sont à l'abri des vents brûlants du sud, jouissent de tous les avantages de l'ombre et de la fraîcheur, etc. Tous ces effets s'ajoutent et soumettent en réalité ces versants à des conditions climatériques, différentes de celles qui agissent sur les versants opposés, quoiqu'ils soient placés tous les deux sous le même ciel. »

Cette cause de la dénudation de la partie de la vallée tournée au midi relativement à la partie tournée au nord, ne saurait être acceptée sans examen. Il n'a jamais été mis en doute que le soleil ne fut un moteur des plus puissants de la végétation. Où existe-t-il une végétation plus luxuriante que sous les climats les plus chauds, sous le tropique, tandis qu'un pays froid ne donne qu'une végétation grêle et rabougrie. D'après M. Parade qui fait autorité sur la matière, l'exposition du sud est la meilleure pour les forêts. Quand même cette végétation viendrait à être ralentie par la grande sécheresse, à la moindre pluie elle reprendrait avec la plus grande vigueur.

La cause de la dénudation de la partie
d'une vallée tournée au midi, on ne saurait
le méconnaître, c'est le pacage des moutons
qui, depuis un temps immémorial, sont in-
troduits toute l'année dans cette partie de
la montagne, tournée au midi, qui, par la
suite des temps tenant la terre soulevée par
le piétinement, cette terre est entraînée
dans les torrents par les orages, et il n'est
resté que le rocher tout nu.

Tandis que dans la partie du nord, les
moutons ne pouvant y être introduit qu'une
partie de l'année à cause de la neige, cette
partie s'est conservée, reboisée et regazonnée.
Il en est de même, on ne saurait le mettre
en doute, des pâturages qui depuis longtemps
seraient disparus, si la neige ne les proté-
geaient une partie de l'année.

Ce n'est que par un système contraire à
celui qui a été suivi depuis des siècles que
la matière végétale sera récréée, régénérée
que la partie du midi des montagnes rede-
viendra gazonnée et boisée comme la partie
du nord.

M. J. I. Delafont, inspecteur des forêts
*Essai sur la question du reboisement des
montagnes.* 1854.

L'ouvrage de M. Delafont est du plus grand mérite et approfondit la matière. « Le reboisement, dit-il, présente des difficultés telles qu'elles paraissent insurmontables, elles portent le découragement dans l'esprit des partisans les plus zélés de cette importante mesure. Loin de se faire illusion sur le nombre et la gravité de ces difficultés, loin de chercher à les tourner, il faut les aborder franchement et les étudier avec soin et persévérance pour trouver les moyens de les vaincre. Il faut en effet se garder d'imiter l'homme timide qui, prêt à franchir un dangereux précipice, ferme les yeux pour ne pas le voir.

» Il est constant, en effet, que les moutons dévastent les bois qu'ils fréquentent, soit en abrutissant les tiges dont ils broutent la flèche, soit en dévorant les brins de semis indispensables pour les peuplements ; il est non moins constant que ces animaux sont une cause de ruine, même pour les montagnes pastorales, comme dans les Hautes-Alpes où on en introduit infiniment plus qu'elles ne peuvent en nourrir ; il est constant encore, et personne ne l'ignore, que la destruction des bois et des pelouses, conduit fatalement à celle du sol, qui, mis en mouvement par le piétinement, est entraîné par les eaux, avec une rapidité qui s'accroît proportionnellement à la disparition des végétaux qui les divisaient, et à la diminution de la couche de terre qui en retenait une portion en l'absorbant; il est constant que c'est ainsi que s'opèrent graduellement le ravinement des montagnes et la destruction des vallées dans lesquelles viennent déboucher les torrents.

» Donc l'abus du pâturage doit avoir pour effet inévitable la diminution progressive des produits qu'on en retire, jusqu'au jour de son anéantissement complet, et la dégradation et la destruction du sol le plus précieux des vallées. »

« Résumons maintenant l'exposé qui précède et tirons-en les conséquences qui doivent nécessairement en découler. »

« La formation des ravins et torrents qui sillonnent les montagnes, ne cessent d'y emporter ou envahir les meilleures propriétés, puis grossissent les rivières et les fleuves qui ravagent nos riches vallées, est le résultat manifeste de la disparition de certains bois et pâturages, et la dégradation progressive de certains autres. Cette disparition des pâturages et des bois n'est due qu'à l'abus du parcours des moutons ; on peut juger du mal que ces animaux peuvent nous faire, par celui qu'ils ont déjà fait, enfin pour soustraire notre malheureux pays, à la ruine dont il a est menacé, il faut non-seulement conserver les bois et les pâturages qui existent sur les terrains pencheux, mais encore en créer de nouveaux, et ces mesures, les seules sur l'efficacité desquelles on puisse compter, sont incompatibles avec la continuation de l'abus du parcours.

» Donc les moutons ont été, sont encore et seront toujours une cause incessante de destruction, et l'on peut affirmer hardiment que s'il n'y a pas bientôt une diminution considérable dans la quantité de ceux que nos montagnes nourrissent, c'est-à-dire si ces animaux ne sont pas absolument exclus des forêts, et si le nombre de ceux à introduire dans les pâturages, n'est pas désormais convenablement réglé, suivant l'étendue et la richesse de ces pâturages, le sol arable des montagnes disparaîtra tout entier, et les habitants seront forcés d'émigrer en flétrissant la mémoire de la génération actuelle, qui dans un hideux esprit d'égoïsme , aura gaspillé la fortune de ses neveux, et qui ne peut manquer d'ailleurs de souffrir déjà beaucoup elle-même de l'abus imprudent de sa jouissance.

» Voici évidemment la véritable position des montagnards.

» S'ils renoncent aux moutons , ou si tout au moins, ils sont assez raisonnables pour proportionner le nombre de ces animaux aux ressources réelles , qu'offrent les montagnes pastorales et les divers terrains autres que les bois , ils éprouveront une diminution considérable dans le chiffre de l'un des produits secondaires de leurs propriétés , mais ils *conserveront leurs propriétés*. Si au contraire non moins insouciants des dangers de l'avenir , qu'oublieux des rudes leçons du passé , ils persistent à faire pâturer dans leurs montagnes leurs troupeaux déjà trop considérables et ceux innombrables que leur expédie chaque année la Provence , ils verront un jour, très prochainement peut-être, ces montagnes transformées en un sol aride et les eaux *envahir et détruire les*

*terres cultivées que les pâturages ont pro-
tégés jusqu'à ce moment.*

*Ils ont donc à choisir entre la perte d'une
partie de leur revenu et celle totale du ca-
pital qui la donne.*

» Quel homme sensé pourrait hésiter.

» Et malheureusement les montagnards
ne subiront pas seuls les conséquences de
leur fatal aveuglement. Les habitants des
plaines, alors même que le sol dont les eaux
pourraient s'emparer, n'aurait en étendue
qu'un dixième de la surface des terres em-
portées, éprouveront des pertes réelles peut-
être beaucoup plus considérables encore,
à raison de la fertilité, et par suite de la
valeur matérielle du sol envahi ; car il importe de remarquer que si un hectare de
terrain vaut de 600 à 1,500 francs dans les
montagnes, par exemple, le prix d'une pareille étendue peut s'élever à 10,000 fr.
dans les plaines.

» Ainsi dans ma pensée, le salut du pays
dépend de l'adoption de trois mesures im-
portantes que je vais résumer en peu de
mots ; et, si contrairement à ma conviction
elles étaient insuffisantes pour l'assurer sans
le concours de quelques autres, il est impos-

sible de ne pas reconnaître au moins qu'elles en seraient la base essentielle, il faut :

» 1° Eloigner les moutons du sol forestier.

» 2° Réduire sensiblement le nombre de ceux que nourrissent les montagnes pastorales.

» 3° Renoncer à la funeste habitude d'enlever les feuilles mortes dans les bois, si ce n'est sur quelques points exceptionnels, au profit des malheureux, qui, ne couchant que sur des feuilles n'ont d'autre moyen que de se procurer celles dont ils ont besoin pour remplir les paillasses de leurs lits.

» A partir du moment où les forêts ne seraient plus fréquentées par les bêtes à laine, on cesserait de les priver de leur unique engrais, leur conservation serait assurée, et le terrain riche bientôt d'une forte couche d'humus donnerait une végétation plus active et absorberait une plus grande quantité d'eau pluviale que le maigre sol actuel.

» L'existence des pâturages, devenu d'autant plus précieux, qu'ils perdent chaque jour de leur richesse et de leur étendue, cesserait d'être compromis, si l'on se contentait d'y introduire les troupeaux qu'ils peuvent nourrir sans danger pour leur dégradation et leur ruine.

Enfin les anciens pâturages réduits à l'état de sol stérile, ne tarderait pas à contribuer eux-mêmes à la subdivision des eaux pluviales, l'expérience démontrant constamment que, pour peu qu'il reste de la terre végétale, les quartiers dont les moutons sont éloignés, se garnissent bientôt d'herbes, de lavandes, et genêts auxquels succèdent des broussailles que les bonnes essences forestières remplacent même quelquefois.

L'ouvrage de M. Delafont comme on peut en juger est des plus substantiels. Comment après l'avoir entendu peut-on avancer que les bêtes ovines sont étrangères à tout système forestier et pastoral. Comment peut-on trouver étrange, la discussion sur l'introduction d'une espèce ovine dans laquelle le lama se trouve compris, espèce dans le cas de faire changer le système de ruine actuel par un système nouveau, nécessité par le besoin du temps et de la situation ? Espèce qui serait un auxiliaire, un agent de production et d'amélioration des montagnes au lieu d'être un agent perpétuel de destruction; système qui ferait décupler le nombre des bêtes bovines au lieu de le réduire, augmenterait le bien-être des habitants au lieu de les ruiner ; qui permettrait de livrer à l'administration des terrains considérables pour la mise en défends et le reboisement , ou qui mettrait le propriétaire dans le cas de consacrer lui-même ces terrains à la production du bois ?

» Comme on le voit dit encore M. Delafont tout s'enchaîne dans l'ordre agricole et à la question du reboisement et du gazonnement se lie celles de l'alimentation, de l'irrigation, de la culture des terres arables et de leurs produits.

» Certainement et il est des gens qui se refusent à toute lumière , c'est une erreur de mettre en dehors de l'agriculture, la sylviculture, la praticulture , l'arboriculture qui ne sont pas seulement les adjoints de l'agriculture, mais qui en font partie.

Voici ce que dit encore M. Delafont relativement aux travaux de reboisement : « On pourrait labourer en entier les surfaces planes à reboiser sans qu'il en résultat d'autre inconvénient que des frais très considérables , mais dans les montagnes il faudrait ajouter à la dépense énorme qui serait la conséquence facheuse d'un pareil travail, la crainte de voir entraîner la terre végétale par les eaux des premières pluies un peu abondantes ; d'où je conclus que sur les pentes le reboisement doit être exécuté par bandes horizontales et parallèles fort étroites, convenablement préparées à la charrue ou à la pioche, et séparées entre elles par des bandes meubles, d'une largeur double et même triple. En opérant ainsi, l'on obtiendrait simultanément une immense économie, soit dans la quantité de plants ou de graines à employer, soit dans les travaux d'exécution, et une garantie pour la conservation de la terre végétale des bandes cultivées puisqu'elle serait retenue par la solidité des bandes incultes, au milieu desquelles elle serait comme enchassée.

» Peut-être n'est-il passansintérêtdepr è senterici une observation bien importante : je veux parler de la nécessité de ne négliger aucun des moyens propres à assurer le succès des premiers reboisements. On doit comprendre, en effet, combien il serait avantageux de pouvoir montrer bientôt aux populations, des résultats satisfaisants, afin de les encourager, et d'éviter les murmures qu'elles ne pourraient peut-être s'empêcher de faire entendre si elles venaient à reconnaître l'inutilité des sacrifices qu'on sera forcé de leur demander. Il faudra choisir d'abord les meilleurs terrains, les préparer avec le plus grand soin et parfaitement approprier les essences, qu'on y placera à leur exposition, à leur nature et à leur climat. »

Si aux excellentes mesures préconisées par M. Delafont, dans son ouvrage si savant et si pratique, on peut encore ajouter l'engrais produit par un animal qui le transporterait sans frais sur place; la réussite ne serait-elle pas encore plus certaine?

M. Jacques de Valserres, avocat à la cour impériale de Paris, professeur de législation industrielle à l'école spéciale de commerce. *Manuel de droit rural et d'économie agricole, aperçu historique, législation, jurisprudence; vues économiques, statistique, formulaire.* Paris, Thourel, 1848.

M. Jacques de Valserres, auteur et écrivain des plus distingués de la science agricole et industrielle, s'étonne dans son livre que l'introduction du lama en France n'ait pas eu lieu depuis longtemps. L'utilité de cet animal ne lui a pas échappé, il ne manque pas de rappeler dans son excellent ouvrage que l'opinion de Buffon, il y a cent cinquante ans, était que l'introduction du lama en France valait mieux que tout l'or du Pérou.

M. Léonce de Lavergne, membre de l'institut et de la société centrale d'agriculture. *Essai sur l'économie rurale de l'Angleterre de l'Ecosse et de l'Irlande*, *in-18*. Paris. Guillaumin.

M. de Lavergne nous dépeint parfaitement dans son ouvrage, la révolution agricole opérée dans les higlands d'Ecosse, il y a quarante ans. Les montagnes furent dépeuplées, les hommes furent remplacés par des moutons, ces contrées furent livrées au pâturage seul. Il ajoute : « N'aurions-nous pas nous aussi sur quelques points de notre territoire une population trop dense pour les facultés du sol qu'elle habite, et qui, tant quelle restera aussi nombreuse, ne pourra retirer du travail le plus opiniâtre que des fruits insuffisants ? Ne serait-il pas à désirer autant dans l'intérêt général que dans celui de ces portions de la grande famille, quelles fussent en partie déplacées et employées plus utilement ailleurs ? N'y gagnerait-on pas doublement, et dans le pays qu'elles quitteraient et dans celui où elles trouveraient de l'emploi ? N'y gagneraient-elles pas elles-mêmes de meilleurs salaires, et une existence plus heureuse ? Il ne peut-être question chez nous, Dieu merci, d'employer la force pour en venir là, ce ne pourrait être que le résultat d'une nécessité librement reconnue par les intéressés, mais ne pourrait-on pas y préparer d'avance les esprits.

« On a coutume, dit M. Charles de Ribbas, que nous citons en réponse à M. de Lavergne, en pareille matière celle du reboisement des montagnes, de ne pas séparer la cause des forêts de celle de la grande propriété ; et rien n'est plus vrai si l'on n'envisage que la production, et l'intérêt de l'aménagement en futaies. Les bois personnifient les idées d'avenir. Ils sont l'aristocratie du monde végétal et conviennent à l'aristocratie du monde social. Mais quand cette double aristocratie a disparu, lorsque la démocratie des hommes et des choses lui a succédé, que les grandes masses boisées s'en sont allées avec les grandes existences, force est bien de s'accommoder aux exigences démocratiques. Ces exigences sont périlleuses, elle multiplient les abus de jouissance et par cela même les obstacles.

Faut-il en conclure qu'elles soient fatalement destructives? Parce que de vastes étendues de montagnes, au lieu d'être la propriété de quelques-uns, se sont divisées et subdivisées, est-il nécessaire que les lois inviolables de la nature et tous les principes de conservation, soient méconnus, qu'une imprévoyance stupide, dénude par le fer et le feu les pentes abruptes, que la dent des animaux y ronge et y supprime les dernières traces de la végétation, que les ravins se transforment en torrents, et que les torrents auxquels on a enlevé jusque dans les bas fonds leurs digues naturelles, enlèvent parcelle par parcelles des territoires entiers? Noh cela n'est pas nécessaire. Pas plus dans l'ordre moral, l'anarchie n'est le produit normal d'une liberté réglée. Or c'est ce qui se voit trop généralement en Provence, dont la zône montagneuse sera bientôt inhabitable et c'est aussi ce qu'aucun ouvrage, approprié à nos mœurs, à notre situation, n'a mis en parfaite évidence, dans un langage et avec des détails susceptibles d'être entendus de tous. »

Ventre affamé n'a point d'oreilles. Tous les enseignements possibles n'y feront rien.

Le montagnard, réfléchit comme il est, sait parfaitement ce qu'il fait et où il va. Mais il est poussé par la force de la situation, le besoin est là.

Faut-il refaire l'opération faite par les Anglais dans les higlands d'Ecosse : ce moyen n'est pas praticable. Ce n'est pas petite entreprise que de déplacer une population profondément attachée au sol où elle est née, que si elle est forcée d'émigrer part avec l'espoir du retour. Retour qu'elle effectue le plus tôt qu'elle le peut pour revenir mourir aux lieux qui l'ont vu naître.

Il y a mieux à faire c'est de changer un système de culture qui appauvrit sans cesse le sol par un système qui tendrait sans cesse à l'enrichir. Ce qui avait le plus contribué à rendre les Romains les maîtres du monde, c'était leur facilité à quitter leur système de faire la guerre quand ils en trouvaient de meilleur chez les autres peuples. Pourquoi n'en serait-il pas ainsi des systèmes de culture, si l'ontrouve un meilleur régime, est-ce une raison pour s'en tenir à l'ancien ?

Quel est le produit des higlands d'où on a chassé ces montagnards guerriers des anciens clans. M. de Lavergne nous l'apprend. Ils donnent un revenu de deux à trois francs par hectare. M. de Lavergne nous dépeint avec la plus grande lucidité les améliorations apportées à l'agriculture anglaise au moyen du système de stabulation *high-farming*, la haute agriculture. Ces terres donnent un revenu de deux à trois cents francs par hectare. La perspicacité des Anglais n'a pas tardé à apercevoir qu'il y avait mieux à faire dans les montagnes au moyen du lama, et déjà cet animal est introduit en Ecosse, en Australie et dans d'autres contrées. Pourquoi n'en ferions nous pas autant pour conserver dans les Alpes une population éprouvée par le travail, et qui en temps et lieu nous fournirait des soldats pareils aux montagnards écossais.

M. Jules Duval, rédacteur en chef de l'Economiste français, et auteur de plusieurs publications. *Histoire de l'émigration européenne, asiatique, africaine, au* XIXe *siècle, ses causes et ses effets.* Ouvrage couronné par l'académie des sciences morales et politiques. Paris, Guillaumin.

M. Jules Duval traite aussi dans son ouvrage de l'émigration écossaise forcée. Il y voit au même point de vue que M. de Lavergne, il conseille l'émigration comme remède. On trouve consigné dans son ouvrage le dégoût que les Français éprouvent pour l'émigration. Il constate le peu de progrès de nos colonies avec celles des autres nations. L'émigration , dit-il , chez le Français , c'est l'expatriation; or c'est cette expatriation qu'il faut éviter en prenant les moyens de retenir les populations sur le sol natal.

M. Auguste Jourdier , membre du conseil d'administration de la société d'encouragement et de plusieurs sociétés d'agriculture , auteur de plusieurs ouvrages d'agriculture. *Des forces productives , destructives et improductives de la Russie.*

M. Auguste Jourdier fait dans cet ouvrage le tableau de la production agricole de la Russie. Quel est le produit de ces *loams* russes , de ces riches terres d'alluvion, schernozième terre noire que la Russie sur les bords de ses immenses fleuves compte par cent millions d'hectares? Ces terres donnent en moyenne quatre fois la semence en blé; voilà le produit des terres tenues au moyen du régime pastoral, tandis qu'en Angleterre avec le régime de la stabulation les terres donnent un rendement en blé de vingt cinq à trente fois la semence.

Pierre-le-Grand dans son fameux testament, prédit l'invasion des terres épuisées de l'occident par les Russes. Elles seront épuisées si le régime pastoral continue à prévaloir, tandis qu'avec le régime de la stabulation et de l'engrais, la terre sera capable de nourrir, comme en Chine, d'immenses populations qui seront en état de repousser les invasions.

M. Hypolite Passy, membre de l'Institut. *Des systèmes de culture en France, de leur influence sur l'économie sociale.* Paris, Guillaumin.

M. Passy n'établit dans son ouvrage aucun avantage marqué d'économie sur la grande et la petite culture. Ces avantages, dit-il, se balanceraient ; mais voici la division qu'il fait : « Nous tenons, dit-il, pour petites les cultures qui embrassent moins de quinze hectares. » Mais il existe beaucoup de cultures moindres de quinze hectares. En France et en Allemagne le morcellement existe avec toutes ses funestes conséquences. Le nombre des propriétaires du troisième degré, c'est-à-dire de ceux qui ne peuvent plus se faire aider des animaux, et sont réduits à cultiver à la bêche, augmente dans une proportion effrayante, et avec lui augmente la pauvreté et la misère.

« La terre déjà obérée, se charge de nouvelles dettes à chaque succession, dans laquelle il y a plusieurs héritiers. Ecrasé par ses dettes, le nouveau propriétaire, le successeur héritier, ne peut plus lutter longtemps. La première mauvaise récolte le jette à bas, la grêle, une épizootie, un incendie, une baisse de prix suffisent pour compléter sa ruine. Il ne peut plus payer les intérêts des capitaux qui pèsent sur sa propriété et la subhastation devient inévitable. La propriété passe en d'autres mains, mais elle y passe épuisée ; car son ancien maître faisant ressource de tout pour éloigner autant que possible le moment fatal, a vendu le fumier et le fourrage, et a cherché à arracher à la terre son dernier atome de fécondité. »

Le tableau est exact, ce n'est pas le travail de la pioche qui ruine le petit propriétaire ; mais le défaut de bétail de vente, le défaut de bétail de travail, quand il lui faut payer le transport des récoltes et des engrais à plus de quarante pour cent de la valeur des récoltes, ce qui n'aurait pas lieu par la possession d'un animal à la fois bétail de vente et bétail de travail.

M. de Moor. *Traité des graminées.* Paris, librairie agricole.

« L'histoire des graminées se rattache étroitement à l'histoire de la civilisation ; partout où celle-ci a fait quelques progrès, l'on trouve leur culture en honneur. Elles forment aux yeux du botaniste la famille la plus riche et la plus naturelle de tout le règne végétal, et l'agronome, le cultivateur, la considèrent à juste titre comme la plus importante de ses cultures, et comme le baromètre de l'état plus ou moins prospère où se trouve un pays. »

En effet toutes peuvent servir à nos besoins, ou concourir à nos jouissances ; ici elles forment la base de la nourriture de l'homme, là elles pourvoient à la subsistance et à l'entretien de ses troupeaux, et fournissent les éléments de diverses industries ; enfin, plus loin, leurs tiges souterraines, raffermissent et fixent les sols mobiles de pays entiers.

Les graminées appartiennent à toutes les stations : on les trouve sur les hauteurs, comme dans les plaines , sur les penchants des collines comme dans les bas fonds , dans l'eau comme dans les plaines arides et sablonneuses , et elles n'abordent un lieu que pour le féconder; mais toutes les espèces de sols, toutes les stations, quelques variées qu'elles soient , ont en quelque sorte leurs espèces propres , sinon comme types botaniques, du moins comme types agricoles.

V. J. Zaccone , sous-intendant militaire, chevalier de la légion d'honneur. *Plantes fourragères, album des cultivateurs*. Album grand in-folio , représentant les plantes de grandeur naturelle avec une légende. Ouvrage couronné par le comice agricole de l'arrondissement de Thionville , et à l'exposition franco-espagnole, à Bayonne. Paris, Roschschil, éditeur rue Saint-André-des-Arts.

« Les plantes fourragères , voilà donc le véritable soutien de toute l'agriculture de nos climats. Pendant des siècles , la nature a été seule chargée de les produire, et les prairies naturelles, où la main de l'homme n'intervenait que pour récolter, ont longtemps suffi aux besoins des populations clairsemées. Les temps sont bien changés !

Au travail de la nature, il faut désormais que l'homme ajoute le sien , et qu'il crée directement ces prairies qui doivent alimenter ses troupeaux. Les pacages primitifs , de plus en plus restreints par les envahissements de la culture, n'existent plus guère dans nos pays si peuplés, que là où le sol est trop ingrat pour payer le prix des défrichements. De là les prairies artificielles , qui tendent de plus en plus à se substituer aux prairies naturelles; de là aussi le choix plus sévère des plantes qui entrent dans leur composition. Et qu'on ne croit pas que ce choix minutieux soit un raffinement inutile ! l'agriculture , en se perfectionnant , est devenu si exigeante, le loyer de la terre s'est si fortement élevé, qu'il y va de la ruine du cultivateur si il ne sait pas faire rendre à la terre tout ce qu'elle peut donner. »

(*Extrait du prospectus de l'ouvrage.*)

M. Henri Pellaut, docteur en droit, membre du conseil général de la Nièvre, ancien rédacteur en chef de la presse agricole. *L'art de s'enrichir en agriculture en faisant des prairies*, Paris, Bouchard-Houzard.

« La nature dit M. Pellaut, a semé les prairies, que le cultivateur suive son exemple, s'adonne à multiplier les végétaux qui spontanément couvrent la terre.

» Les plantes qui, pour atteindre toute leur croissance utile, enlèvent au sol une grande partie de ses forces, ne doivent être admises qu'avec la plus grande réserve; celles, qui au contraire se nourrissent de peu, rendent souvent par leur détritus, plus qu'elles n'ont absorbée, méritent toute la préférence.

» Les plantes fourragères satisfont à toutes ces exigences ; non-seulement par leur présence sur le sol, par leurs racines, leurs tiges, elles sont fertilisantes ; mais encore elles fournissent les moyens d'élever les bestiaux dont les engrais servent à réparer les terres épuisées.

» Fertilisation du sol, tel est le premier avantage des plantes fourragères; de plus elles assurent au cultivateur un revenu certain, puisque par leur moyen on peut se livrer à la production des bestiaux, considérée à juste raison, à toute époque, comme la plus profitable d'une exploitation rurale.»

« Caton interrogé, quel était le meilleur procédé à suivre pour s'enrichir en agriculture, répondait : avoir de bons bestiaux, tout au moins de médiocres , à leur défaut des mauvais. »

» Cette maxime du vieux Romain, résume toute la science agricole.

» Sans les bestiaux le produit d'une exploitation agricole serait nul. »

» Les céréales, plantes annuelles, une fois détachées du sol le laissent exposé aux rayons du soleil , à l'action destructive des vents , des pluies ; leurs racines faibles et grêles se dessèchent , et ne donnent qu'un détritus pauvre et impuissant.

» Les graminées vivaces ne sont jamais détachées du sol qu'elles couvrent continuellement , et protègent ainsi contre le soleil, les vents et les pluies , le gel et le dégel ; leurs racines nombreuses et entrelacées procurent par leur décomposition , un puissant moyen de fertilisation.

» Les céréales sont soumises aux intempéries des saisons; on ne peut en tirer profit que lorsqu'elles sont parvenues à l'état de maturité parfaite , un seul orage suffit pour les détruire.

» Les prairies sont à l'abri de tous les accidents ; à quelque point de maturité quelles soient parvenues , on peut en tirer profit et

5..

en tirer des foins toute l'année. Suivant Caton le mot *pratum*, qui vient de *paratum*, prêt, toujours prêt à donner des produits...

» De toutes les cultures rien ne peut égaler les prairies.

» Tous les efforts doivent tendre vers la propagation des prairies, de toutes les cultures la plus certaine et la plus productive.

» Donc partout où il sera possible d'en faire une, le cultivateur devra s'empresser de se créer ainsi un producteur, qui seul, sans soins rendra trois ou quatre fois plus que les céréales. »

La terre est la même partout; partout elle rend selon les soins qu'on lui donne. En parcourant les montagnes on peut se convaincre de la beauté et de l'excellence des prairies créées par le travail et l'engrais. Qu'au moyen d'un nouvel animal, bétail de vente et bétail de travail, il soit possible d'économiser les frais de transport, et des prairies d'un haut produit seront créées sur les plateaux les plus élevés de nos montagnes.

M. Boussingault. *Economie rurale.*

« Des praticiens très éclairés, dit M. Boussingault commencent à s'apercevoir qu'on a probablement trop sacrifié la prairie à la terre arable. Dans les localités situées dans des conditions analogues à celles où nous nous trouvons, en dehors de toutes sortes d'engrais organiques, on a voulu imiter la pratique des contrées plus favorisées. La récolte des céréales s'en est ressentie, aujourd'hui on s'aperçoit d'une réaction en sens contraire. Il est d'ailleurs des terrains dont on ne peut faire que des prairies, telles sont les pentes des montagnes. »

M. Boussingault a raison ; il n'y a plus d'autre culture à faire dans les montagnes que celle des prairies et des bois, qui n'exigent pas autant de travail. Le prix de la main d'œuvre devient de plus en plus élevé ; tandis que les machines, la vapeur même viennent au secours du cultivateur en plaine, le cultivateur en montagne, ne pouvant employer que ses bras, est réduit pour soutenir la concurrence à cultiver les bois les prairies et à se livrer à l'éducation des bestiaux.

M. J. Malizieux. *Etudes agricoles sur la Grande-Bretagne.* Paris, Bouchard Houzard.

« Pour qu'une agriculture soit irréprochable, dit M. Malizieux, il faut que sous tous les rapports elle soit en harmonie avec les circonstances locales, le climat, le sol, les conditions économiques du pays où elle s'exerce. Ce qui est excellent sur les bords de la Tamise, de l'Humberton, de la Clyse ou du Shannon, pourrait bien être très mauvais sur les rives de la Seine, de la Loire, du Rhône et de la Garonne. Chaque sol et surtout chaque climat, a non-seulement des plantes, mais ses races d'animaux qui lui sont propres et qui ne peuvent impunément être transportées sur un sol et un climat différent. La suprême habileté consiste à ne pas contrarier la nature pour la vaincre, mais à savoir diriger sa pratique de telle façon que les forces les plus vives de la nature concourent au but qu'on s'est proposé.

M. Malizieux nous décrit longuement les diverses races des bêtes ovines vivant dans les divers climats d'Angleterre. Les dislhey dans les gras pâturages, les southon, les chevriot etc., dans des contrées moins riches. Le lama, originaire des hautes cîmes des andes, se propageant à Paris et en Hollande au-dessous du niveau de la mer, s'accomodera facilement du climat des Alpes.

M. de Lambot-Miraval. *Observations sur les moyens de reverdir les montagnes.* Paris, librairie agricole.

Ce système est appliqué avec grand succès. Les eaux emprisonnées dans des fossés horizontaux s'infiltrent utilement dans le sol. Les montagnes se couvrent de végétation. Ces fossés et ces talus remplacent dans beaucoup de cas les murs de souténement. Tels sont les résultats obtenus par M. de Lambot-Miraval et si à ce système il devient possible d'ajouter de l'engrais , les montagnes ne le céderont pas à la plaine pour les produits.

M. Noirot. *Traité de la culture des forêts et de l'application des sciences agricoles et industrielles.à l'économie forestière.* Paris, Bouchard-Houzard, 1839.

» Nous proposons, dit M. Noirot, une culture raisonnée à un simple mode d'exploitation. A soumettre la tenue des bois à des procédés dont le succès se mesurera par l'augmentation des produits matériels et des revenus. C'est l'application des sciences industrielles à la création et à la culture des forêts qui fera atteindre ce but. La nature sauvage doit faire place partout à la nature cultivée. On plantera des bois comme on plante une vigne , comme on bâtit une maison , comme on fonde un établissement industriel , et on ne manquera pas plus de bois de chauffage, ni de bois à bâtir, que de nourriture, de vêtements et de logement. »

M. Charles de Rible , avocat à la cour impériale d'Aix. *La Provence au point de vue des bois , des torrents et des inondations avant et après* 1789. Paris, Guillaumin, 1857.

Par la publication de son ouvrage , M. Charles de Rible a mis en mouvement et donné le signal du réveil de l'opinion publique sur la situation des montagnes. L'histoire de la législation y est traitée à fond.

Nous ne pouvons suivre M. de Rible dans tous les détails des règlements, des parlements sur les bois et les pâturages. Il en résulte que la question fut de tous temps l'objet de la plus vive sollicitude des gouvernements qui se sont succédés. Nous envisageons surtout la question au point de vue agricole.

« Nous touchons, dit M. de Rible, au point le plus sensible et qui appelle les plus grandes réformes. Tous les forestiers, tous les administrateurs , tous les économistes , les ingénieurs qui ont visité et .vu de près les Alpes , sont unanimes à reconnaître que le pâturage des bêtes à laine, et celui particulièrement des troupeaux transhumans est une des causes les plus actives de la destruction des bois et du sol. Les témoignages sont nombreux et décisifs ! la question a été si souvent traitée avec une irrécusable autorité de parole que nous croyons devoir nous borner à l'indiquer. »

» L'œuvre de destruction qui s'accomplit aujourd'hui sous nos yeux , écrivait M. de Bouville , préfet des Basses-Alpes dans son rapport au ministre , est le résultat de l'imprudence des hommes , et de l'insuffisance de la législation. Le déboisement est le premier effet , et la destruction des pâturages le second. Lorsque les règlements forestiers ont introduit le défrichement, les habitants ont fourni les prohibitions par le pacage , avec lequel ils ont détruit ce qu'ils ne pouvaient arracher, puis ils en sont venus à l'état actuel. »

Les moutons , le régime pastorale, voilà la cause de nouveau manifestée de la dénudation des montagnes, comment y remédier?

« Si on abandonnait dit M. de Ribles , cette

éducation des bestiaux par le parcours, pour en venir à l'éducation à l'étable, demandons à l'art des assolements, des arrosages, des pâtures dans les vallées cultivées. »

Mais les terrains de ces vallées ont si peu d'étendue qu'il n'est pas possible qu'ils suffisent seuls aux besoins des habitants ; cela a été suffisamment démontré par les auteurs. Il est nécessaire de proscrire le régime pastoral, il y aura toujours assez d'exceptions à la règle, mais par l'introduction d'un animal nouveau, demander à l'art la création de prairies fauchées, non pâturées sur les plateaux des montagnes, un équilibre entre les besoins et la production sera ainsi établi, et l'habitant des montagnes, trouvant son intérêt satisfait, ce qui est l'essentiel, pourra abandonner sans regret les pentes pour reboiser et mettre en prairie et le but sera atteint.

M. Férand Giraud. *Police des bois, défrichements et reboissements ;* commentaire pratique sur les lois promulguées en 1859 et 1860. Paris, Durand, éditeur.

Dans l'exposition d'un système agricole on ne saurait suivre l'auteur de cet excellent ouvrage dans les développements qu'il donne de la législation. Ceux qui doivent connaître parfaitement la nouvelle loi la prohibition, les peines et les encourage-ments accordés par l'état au reboisement, les formalités à remplir pour les obtenir, n'ont qu'à le consulter,

« Les forêts, est-il dit dans l'exposé de la nouvelle loi, par les produits qu'elles livrent à la consommation, par leur action météo-rologique, par leur influence sur la con-servation des sources, présentent partout un intérêt considérable ; mais sur les pentes rapides des hautes montagnes, leur impor-tance revêt un caractère tout spécial, celui d'une véritable nécessité publique. »

« Personne n'ignore en effet, que quand les montagnes sont dénudées, les eaux plu-viales où celles qui proviennent de la fonte des neiges, se précipitent avec une incroya-ble rapidité, entraînant dans leur course les pâturages, la terre végétale, des détritus minéraux ; elles creusent ou remplissent les ravins, gonflent subitement les torrents, et ceux-ci déversent en quelques instants dans les rivières ou dans les fleuves des masses d'eau trop considérables pour que les voies d'écoulement les plus larges puissent les débiter dans un temps égal ; de là ces catastrophes qui détruisent tant de richesses, compromettent tant d'existences, et produisent des misères que les sacrifices du budjet, jointes aux largesses de la bienfaisance ne peuvent soulager que bien incomplétement.

« Quand au contraire, les pentes sont convenablement boisées, une partie des eaux est absorbée par la perméabilité du sol, l'autre est ralentie par l'obstacle mécanique, que la végétation lui oppose ; l'écoulement régularisé ne donne plus lieu aux crues subites, qui se transforment en inondations.

» Aussi l'utilité du reboisement, dans les montagnes, a-t-elle été reconnue par les savants, les ingénieurs, les forestiers, par les conseils généraux de plus de soixante départements, par des commissions administratives et parlementaires.

» Le principe d'une loi relative au reboisement des montagnes et destiné à le faciliter, est donc aujourd'hui à l'abri de toute contestation. Tout le monde reconnaît qu'il faut apporter un concours puissant et nécessaire à un ensemble de mesures prises par le gouvernement pour prévenir le funeste retour des inondations, concours sans lequel il est douteux que les travaux des ingénieurs, puissent être complétement efficace. »

Bulletin de la société d'agriculture et d'acclimatation des Basses-Alpes.

Ce département est sans contredit des plus maltraités. Aussi le reboisement des montagnes a été l'objet des travaux incessants des administrateurs qui s'y sont succédés, notamment de MM. les préfets de Saint-Paul et Gimet, présidents de la société d'agriculture, de M. l'abbé de Forestu, vice-président, de M. le marquis de Pillot, ancien inspecteur des forêts, qui ont présenté des rapports les plus remarquables et des plus lucides.

M. Lecouteux (Edouard); ancien directeur des cultures de l'Institut agronomique de Versailles. *Guide du cultivateur améliorateur. Principes économiques de culture améliorante.* Paris, librairie agricole.

M. Lecouteux distingue deux sortes de cultures : la culture intensive et la culture extensive. La culture intensive est la culture réduite à un espace moindre, la terre y est parfaitement travaillée, où toutes les pierres enlevées , les mauvaises herbes détruites , la terre ainsi bien nettoyée et préparée à recevoir la semence , et surtout quand sur un moindre espace on met beaucoup de fumier. Par opposition on appelle culture extensive, la culture moins soignée, et faite sur un vaste espace sur lequel on a éparpillé le fumier que l'on a à sa disposition et en quantité peu considérable relativement à l'étendue qu'on a à fumer.

Dans la culture des montagnes qui nous occupe, c'est surtout à la culture intensive qu'il faut s'arrêter. Sur une terre bien préparée et surtout bien fumée, dès le principe, les semis quelconques que vous y faites dans de bonnes conditions, doivent réussir parfaitement , tandis que c'est l'inverse dans une terre mal préparée et surtout mal fumée. Il y a plus, dans une terre bien préparée et bien fumée, vous pourriez vous dispenser de faire des semis. Cette terre se couvrirait d'elle-même d'herbes , d'arbustes , d'arbres même , les vents et les oiseaux se chargeraient de semer cette terre tandis qu'il en est différemment si cette terre n'est ni préparée ni fumée.

D'après ce que la science nous enseigne,

les plantes fourragères et les arbres vivent plus ou moins suivant les espèces, partie des substances qu'elles puisent dans la terre, partie des substances qu'elles puisent dans l'air. D'après ce principe, dans une terre bien préparée et bien fumée, à l'époque de l'ensemencement, le gazon ou les arbres s'y soutiendront sans engrais, en subsistant désormais aux dépens de l'atmosphère. En vertu de cette faculté, le gazonnement se présente d'une exécution des plus faciles : on commence par gazonner ou mettre en prairie une petite étendue bien préparée et bien fumée de son terrain, le produit récolté en foin sert à nourrir des bestiaux, le fumier qu'ont produit ces bestiaux sert à mettre en culture l'année d'après une autre portion de terrain, et ainsi de suite ; la partie cultivée de son terrain augmente sans cesse, les bestiaux augmentent en proportion, et il en résulte une amélioration indéfinie de sa propriété. Mais il est aussi très aise de comprendre que cette amélioration n'aura lieu et n'est possible qu'en fauchant les prés, récoltant les foins, et les faisant consommer à l'étable surtout avec la mise en défens absolue de ses prairies, avec le parcours et le régime pastoral, quelqu'il soit c'est la destruction complète.

M. Lorentz. *Cours élémentaire de culture des bois*, complété et publié par M. Parade. Paris, Bouchard-Houzard.

« C'est l'ouvrage classique des écoles forestières, le guide le plus sûr pour la culture des bois. » Le terreau, dit M. Parade, forme une terre dont la tenacité est supérieure à celle des terres calcaires ou siliceuses, quoique bien inférieure à celle des terres argileuses ; il a en outre la propriété d'absorber plus d'humidité qu'aucune autre terre. Le terreau corrige donc les propriétés physiques exagérées des sols siliceux et calcaires, en leur donnant plus de consissistance, les rendant propres à retenir l'humidité, celles des argiles en diminuant leur trop grande compacité, et leur avidité pour garder l'eau absorbée. Enfin c'est le terreau qui fournit à tous les sols, des sucs nourriciers (humus) propres à la végétation. »

» Le rôle de cette terre explique comment dans beaucoup de nos anciennes forêts où elle s'est accumulée, nous voyons une végétation riche, des arbres de la plus grande beauté, sur des sols qui, découverts et réduits à leurs éléments minéralogiques seraient stériles. »

M. Antonin Rousset, sous-inspecteur des forêts. *Les études de maître Pierre sur l'agriculture et les forêts*, in-18. Paris, librairie agricole.

L'ouvrage de M. Rousset en forme de dialogues familiers, entre un instituteur, un maire et un cultivateur, ne saurait renfermer les meilleurs conseils et les meilleurs enseignements agricoles et forestiers. Il constate la solidarité de la sylviculture et de l'agriculture. Les avantages du gazonnement et du reboisement y sont démontrés avec le plus grand talent et la plus grande clarté sous tous les rapports. Il fait ressortir les avantages d'un pays où les montagnes sont boisées. L'abondance des fontaines et des petits cours d'eau se remarque dans les pays couverts. Une contrée où les arbres abondent, étant toujours ombragée, l'évaporation des eaux pluviales qui humectent la surface de la terre s'y fait plus lentement parce que le feuillage intercepte plus complétement les rayons directs lumineux et la libre circulation de l'air. La filtration de ces eaux dans les couches supérieures de la terre se fait donc plus profondément que partout ailleurs. Ces eaux arrivent bientôt à des couches inférieures, disposées en lits à peu près horizontaux qui les forcent à suivre des plants légèrement inclinés et déterminent l'écoulement sur un ou plusieurs points les plus abaissés de chaque versant. De là les sources dont l'écoulement partage la régularité et la continuité de l'humidité constante des forêts qui, dans la sécheresse, peuvent seuls fournir aux besoins des animaux et de l'agriculture.

Les avantages du gazonnement et du reboisement ne sont pas moins parfaitement démontrés sous les autres rapports ; sur l'inconvénient de l'écobuage des terres en pente, sur la culture rationelle des terres, principes agricoles, sur l'exploitation et la conservation des forêts par rapport aux torrents et aux terrains en pente, sur le pâturage et le reboisement des forêts par rapport aux vents et à la température, leur importance relativement à l'intérêt général, les moyens pratiques de reboisement. La lecture de son ouvrage produira les plus grands fruits. Il est résumé en

maximes que nous citons et dont on ne saurait trop se pénétrer,

> Il faut cultiver son terrain
> Suivant sa pente et sa nature :
> En haut le bois, ici du grain ,
> Là du gazon pour la pâture ,
> Et surtout ne jamais semer
> Que le terrain qu'on peut fumer.
>
> Si tu veux du blé, fais des prés.
> L'herbe fait l'engrais, l'engrais fait le blé ;
> Aussi le fumier remplit le grenier,
>
> Montagne boisée, source à la vallée,
>
> Pays sans bois ,
> Maison sans toit ,
>
> Le bois défend
> Le sol pendant ,
>
> Point ne faut aux moutons sacrifier les bois
> Si on ne veut aux champs, se trouver aux abois.
>
> Mes arrières-neveux me devront cet ombrage.
> (LAFONTAINE.)

Mais comment concilier tous ces excellents
préceptes avec le régime pastoral que maintient M. Rousset , avec le parcours que détruit l'effet de toutes les meilleures mesures !
Il conclut à une mise en défens temporaire

6

pour revenir au pacage. Dans quelle proportion faudra-t-il alors dans les gazons et les bois restaurés, introduire les moutons qui en sont la destruction? Où finit l'usage, où commence l'abus ? Quoiqu'on puisse diré et faire, l'abus prévaudra toujours et parviendra à détruire de nouveau ce qui a été reconstitué avec les plus grands sacrifices. M. de Moor, dans son ouvrage sur les prairies, après avoir débattu la question, tranche le nœud gordien et conclut à la suppression du régime pastoral pour s'en tenir à la stabulation permanente.

L'ouvrage de M. Rousset, a été à juste titre, et il ne pouvait en être différemment, couronné par l'académie des sciences, arts, et belles lettres d'Aix, dans sa séance du 8 mars 1863. L'état, les communes, les possesseurs de plusieurs centaines d'hectares de terres comme M. de Gombert dont l'ouvrage a été également et au plus juste titre le sujet d'une distinction des plus honorables, peuvent faire usage de leur excellente méthode, de se priver pendant un laps de temps du parcours, sur une trentaine d'hectares ; mais le posseseur de quelques hectares ne peut en faire autant, il a besoin de toutes ses ressources : ventre affamé n'a point d'oreilles. Il s'accomodera mieux d'un système qui ne lui impose aucun sacrifice, qui tend au contraire à améliorer son bien indéfiniment, les petits propriétaires sont en bien plus grand nombre que les grands, et ce nombre tend sans cesse à s'accroître par la division des héritages.

M. A. Mathieu, inspecteur des forêts, professeur d'histoire naturelle à l'école impériale forestière. *Le reboisement et le regazonnement des Alpes.* Paris, Hennuyer, 1865.

M. Mathieu cite M. de Gasparin, au sujet de la situation des Alpes que lui-même a visité. « La dégradation des Alpes, dit l'éminent agronome, se poursuit avec une rapidité tellement effrayante, qu'après quelques années d'absence on ne reconnaît plus l'aspect des lieux, autrefois gazonnés, aujourd'hui rocs décharnés et ravins pierreux. »

» Les désastres dit ensuite M. Mathieu, tendent à s'accroître dans une proportion effrayante ; plus les pâturages se dégradent, plus les habitants qui repoussent toute réduction dans le nombre du bétail en recherchent l'extension aux dépens des forêts, plus vite aussi les terrains gazonnés qui jusques-là avaient échappé à la ruine, se détériorent sous le nombre croissant des moutons qu'il faut y entasser. »

M. Mathieu conclut avec M. de Gasparin à la mise en défens temporaire, à la règlementation des bois et des pâturages, à n'y introduire pendant une partie de l'année que deux moutons par hectare, d'abord, en augmentant à mesure que les pâturages s'améliorent. Il conclut à l'établissement et d'une bonne et complète viabilité.

» Partout, dit-il, où le permettra la configuration du sol et le voisinage des villages, la transformation des pâturages en prairies serait une grande amélioration, par laquelle serait possible sur une plus grande échelle, la stabulation, le grand bétail, la production des engrais. Je sais bien que là, ni la loi, ni les règlements ne peuvent produire ce résultat si désirable, encore est-il bon d'en proclamer l'utilité. Conseils, encouragements, action des sociétés d'agriculture, des comices, tout doit s'unir pour pousser les habitants dans cette nouvelle voie. »

» Lorsque du sommet des Alpes, on voit se dérouler autour de soi, l'immensité de la région et que l'on peut juger d'ensemble la grandeur et l'étendue des ruines, l'esprit s'effraie de la rude tâche de les réparer ; le sentiment qui domine d'abord est celui du découragement. »

« *La première, la plus efficace de toutes les mesures , parce qu'elle est la plus naturelle , est celle qui , avec l'aide du temps , suffira à elle seule , consiste à mettre en défens la partie à restaurer, et à laisser faire la végétation spontanée.* »

L'homme a détruit c'est à l'homme a reconstituer. La terre non remuée ne pouvant être pénétrée par les rayons du soleil et les variations de l'atmosphère reste improductive. La remarque en a été faite dans les éboulements des montagnes. Soulevée par le travail et exposée au soleil et à l'air, elle ne devient fertile qu'après un certain laps de temps , environ vingt ans ; la remarque en a été également faite sur les terres soulevées par le génie militaire. Pour la faire produire la même année il faut y mettre de l'engrais , et après les plantes fourragères ont la faculté de vivre aux dépens de l'atmosphère qui devient alors un engrais complet et d'enrichir le sol indéfiniment.

Ensuite une viabilité complète n'est pas

possible dans les hautes montagnes surtout, tout au plus si on peut espérer d'y avoir des sentiers et pour parcourir ces sentiers si abruptes, un animal ayant le pied d'une grande sûreté est de toute nécessité. Cet animal étant à la fois bétail de vente et bétail de travail, alimentaire, industriel et de plus auxiliaire, les populations trouveront avantage à son emploi; elles économiseront le quarante pour cent des frais de transport ainsi évalués par M. Domerson, agent-vôyer, en trouvant leur intérêt et la rénumération de leur travail, les excellents préceptes du savant professeur de l'école forestière de Nancy, seront sérieusement mis en pratique.

M. Richard du Cantal, agriculteur, docteur en médecine, membre fondateur, et vice-président de la société zoologique d'acclimatation, membre de plusieurs sociétés d'agriculture et de sciences naturelles, ancien directeur de l'école des haras, et professeur suppléant à l'institut agronomique de Grignon. *Dictionnaire raisonné d'agriculture et d'économie de bétail, suivant les préceptes des sciences naturelles appliquées*, 2 in-8°. Paris, librairie centrale d'agriculture.

L'avantage de l'introduction du lama en France ne pouvait échapper au savant professeur ; et après quatre siècles presque accomplis, nous attendons encore l'introduction du lama à la fois bête de somme, bête laitière, excellent animal de boucherie, et surtout chargé d'une laine que son extrême abondance, dans quelques races, sa finesse dans l'une d'elles rendent également précieux. » M. Richard rappelle qu'en 1839, l'importation de la laine de lama, seulement dans le port de Liverpool, s'est élevé à 1,133,85 kilog., il constate les services que cet animal pourrait rendre à l'agriculture. »

M. Mayne-Reid (le capitaine). *Le chasseur de plantes*, in-18. Paris, Hachette.

« Le marin, dit le capitaine Mayne Reid, du bord de son navire, naviguant dans la mer du sud, voit se dresser sur le rivage le gigantesque Patagon, de la taille de deux mètres cinquante centimètres. Dans ses terres pas de trace de culture, de quoi se nourrissent, se vêtissent, se logent ces géants sauvages. Il existe dans leur pays un de ces précieux herbivores si utiles, c'est le *guanocos*, la principale nourriture du Patagon, l'espèce bienfaisante qui le nourrit de sa chair, l'habille de sa laine, l'abrite de sa peau. Le *guanocos* est une des quatre espèces de lama particulières à l'Amérique, comme l'alpaca, et la vigogne sont les deux autres variétés.

Le Patagon possède des lamas domestiques et se livre à la chasse de ceux restés à l'état sauvage. La civilisation européenne dès son arrivée en Amérique, s'est empressée de se servir de ce précieux animal, qu'on trouve à millions dans chaque état de l'Amérique du sud où le commerce pourrait se le procurer. On se demande en effet si les conquérants espagnols n'avaient pas trouvé le lama, s'ils auraient pu exploiter les riches mines de Potosi, situées sur les hautes cimes impénétrables des Andes. Ils ont trouvé cet animal qui leur a servi de bête de somme et de nourriture. Eh bien ! le montagnard des Alpes pourra aussi bien se servir du lama pour se nourrir, se couvrir et pour transporter sur les hautes montagnes, une matière plus précieuse que le minerai, l'engrais destiné à ramener la fertilité et faire reverdir ses montagnes.

M. Isidore Geoffroy-Saint-Hilaire, membre de l'institut, professeur au muséum d'histoire naturelle, président de la société impériale d'acclimatation, etc., *Acclimatation et domestication des animaux utiles*, in-8°, Paris, à la librairie agricole.

Dans son ouvrage M. Geoffroy-Saint-Hilaire, démontre que le lama peut désormais être rangé dans la classe de nos animaux domestiques. Il rappelle l'opinion de Buffon, que l'introduction du lama en France valait mieux que tout l'or du Pérou. Buffon avait donc compris dès cette époque, que le lama étant comme le mouton un animal alimentaire et industriel, était de plus utile comme bête de somme pour la culture des montagnes.

M. Geoffroi-Saint-Hilaire, le digne successeur de Buffon, répond à ceux qui n'aperçoivent pas la nécessité du lama dans les montagnes, parce qu'ils ne voient que la plaine où cet animal n'a pas la même utilité « *que le lama et l'alpaca puissent être utiles partout et venir disputer nos champs aux moutons, c'est ce que je n'ai jamais dit ; mais ce que je crois pouvoir affirmer, c'est que leur culture est destinée a créer des sources de richesses dans nos hautes montagnes, c'est-à-dire dans la par-*

*tie de notre territoire qui en sont complé-
tement dépourvus.* »

Rendons en terminant un respectueux hommage à ces hommes éminents par leur savoir et leur intelligence, qui, dans leur vive sollicitude pour le bien du pays, ont consacré leurs veilles à des ouvrages qui ont jeté sur la matière le plus grand jour, et notamment à M. Isidore Geoffroy-Saint-Hilaire dont le monde savant déplore la perte, dont la mémoire sera éternelle, comme la reconnaissance du pays, l'introduction de ces animaux utiles aura surtout été son œuvre qui s'accomplira car Dieu a dit : « Faisons l'homme à notre image et a notre ressemblance, que les poissons de la mer, les oiseaux du ciel, tous les animaux de la terre servent à son usage. » Genèse, chapitre 1er.

FIN.

TABLE DES MATIÈRES.

—

NOTES

Justification du système par les auteurs.

MM. Rauch. — Blanqui. — Dugier. — Paulon. — Marie. — Jouyne. — Fabre. — Surrel. — Delafond. — De Valserres. — De Lavergne. — Duval. — Jourdier. — Passy. — De Moor. — Zaccone. — Pellant. — Boussingault. — Malizieux. — De Lambot. — Miraval. — Noirot. — De Ribbec. — Férand. — Giraud. — De Saint-Paul. — Gimet. — De Forestu. — De Pillot. — Leurteux. — Parade. — Rousset. — Mathieu. — Richard du Cantal. — Mayne-Reid. — Isidore Geoffroy-saint-Hilaire: 41

FIN DE LA TABLE.

Limoges. — Typ. F. F. Ardant frères.